BIM 应 用 基 础

主 编 刘广文　牟培超　黄铭丰

副主编 李文华　吴　槟

同濟大学 出版社
TONGJI UNIVERSITY PRESS

内 容 提 要

本书以 BIM 概念和应用软件为主线,紧紧围绕实际工程的需要,构建 BIM 课程内容和知识体系。同时融合了 BIM 建模师证书对知识、技能和素质的要求,融实践教学和理论教学为一体。

本书共 10 章。主要介绍了 BIM 的概念和主要应用,BIM 应用基础,基于 Revit, Tekla Structures 的 BIM 实践,基于 Revit MEP 的 BIM 实践,基于 MagiCAD 的 MEP 实践,基于 BIM 的造价管理,基于 BIM 模型的协同应用初探,基于 BIM 硬件工具应用,以地面砖或墙面砖的铺设为例,给出了 Revit 参数化在施工中的应用。

本书可供高职高专土建类建筑工程技术专业及其他相关专业教学使用,也可供建筑工程施工技术人员和 BIM 爱好者参考使用。

图书在版编目(CIP)数据

BIM 应用基础/刘广文,牟培超,黄铭丰主编.
—上海:同济大学出版社,2013.8(2021.7 重印)
ISBN 978 - 7 - 5608 - 5264 - 5

Ⅰ.①B… Ⅱ.①刘…②牟…③黄… Ⅲ.①建筑设计—计算机辅助设计—应用软件 Ⅳ.①TU201.4

中国版本图书馆 CIP 数据核字(2013)第 198270 号

BIM 应用基础

主　　编　刘广文　牟培超　黄铭丰
副主编　李文华　吴　棵
责任编辑　高晓辉　马继兰　　责任校对　徐春莲　　封面设计　陈益平

出版发行　同济大学出版社　　www.tongjipress.com.cn
　　　　　(地址:上海市四平路 1239 号　邮编:200092　电话:021—65985622)
经　　销　全国各地新华书店
印　　刷　江苏句容排印厂
开　　本　787mm×1092mm　1/16
印　　张　17
印　　数　12 601—13 700
字　　数　436 000
版　　次　2013 年 8 月第 1 版　　2021 年 7 月第 7 次印刷
书　　号　ISBN 978 - 7 - 5608 - 5264 - 5

定　　价　48.00 元

前　　言

BIM(建筑信息模型)技术是一种应用于工程设计、施工、运营、管理的数据化工具,通过建筑信息模型整合项目相关的各种信息,在项目策划、建造、运行和维护的全生命周期过程中进行共享和传递,使工程技术人员对各种建筑信息作出正确理解和高效应对,为设计、施工、监理、项目管理团队以及包括建筑运营单位在内的各方建设主体提供协同工作,在提高生产效率、管理精细化、节约成本和缩短工期等方面发挥重要作用。

本书主要培养学生在 BIM 理论与应用方面的职业能力和职业素养。通过对本书的学习,学生能够掌握 BIM 的概念,可以使用常用的 BIM 建模软件进行简单 BIM 模型的创建,能够对简单的项目进行结构分析、采光分析,为学生毕业后从事相关工作奠定基础。

BIM 的理论和实践都在发展过程中,目前国家还没有统一的标准。因此,无论是课程学习还是工程实际,都应该理论联系实际。如果不掌握 BIM 理论,就不能有效和正确地选择 BIM 软件,不能掌握 BIM 的硬件配置,也不能建立有效的 BIM 团队。因此,本书写作的一个初衷就是理论和实践并重。作者根据自己多年的建筑施工实践经验和多个工程应用 BIM 的经验,结合高职院校学生的特点编写了本书。在理论的介绍上,避免晦涩的表达,没有引经据典,而是尽量通过简单的语言作出阐述。学生必须掌握一定的 BIM 实践技能,也就是软件的使用。在目前纷繁复杂的 BIM 软件中,本书选择了应用相对广泛的 Revit、MagiCAD、Tekla Structures、广联达、鲁班等软件进行了详细的入门介绍。这种入门介绍可以让学生掌握扎实的基本技能,为以后熟练掌握 BIM 类软件做基础。

开设本门课程的学校应该配备必要的计算机硬件和软件,并对教师进行 BIM 理论和软件应用的培训,如果教师能组成 BIM 工作团队参与工程实践教学,对于教学将有非常大的促进作用。

本书共分为 10 章。第 1 章介绍了 BIM 的概念和主要应用。第 2 章介绍了 BIM 应用的团队、硬件和软件。第 3 章介绍了 BIM 核心建模软件 Revit 的使用。第 4 章介绍了 Tekla Structures 在钢结构建模方面的应用。第 5 章介绍了 Revit MEP 的应用。第 6 章介绍了 MagiCAD for AutoCAD 的使用方法。第 7 章介绍了如何使用 BIM 软件建模并与造价软件共享数据的方法。第 8 章介绍了 BIM 模型与其他软件的数据交换,BIM 模型的受力分析实战,BIM 模型的采光分析实战。第 9 章介绍了全站仪机器人应用,三维扫描仪应用,三维打印机应用,通讯设备的应用和智能化工地 BIM 应用展望。第 10 章介绍了参数化在地砖施工中的应用。

本书由山东城市建设职业学院建筑工程系高级工程师刘广文,山东城市建设职业学院建筑工程系一级注册结构师、副教授牟培超,上海市城建设计总院高级工程师黄铭丰主编。山东莱钢建设有限公司山东铭远工程设计咨询有限公司工程师李文华、吴棵担任副主编。参与编写的其他人员有山东城市建设职业学院建筑工程系朱艳丽、徐洪峰,芬兰普罗格曼有限公司北京代表处游洋,青岛世创工程软件有限公司朱亮东,山东杭萧钢构有限公司高级工程师刘宏杰、工程师张鑫林、宋向东,山东莱钢建设有限公司山东铭远工程设计咨询有限公司工程师田新敏,上海市城建设计总院主任设计师张银屏工程师、总承包部 BIM 负责人秦雯工程师、陈威工程师,欧特克软件(中国)有限公司应用工程师李忠、任耀,美国天宝公司销售经理何建栋、天宝代理商张巍咏,肥城市中资泰立房地产开发公司工程师武有娜,山东天齐置业集团股份有限公司济南分公司副总工程师王冰,山东天齐置业集团股份有限公司济南分公司开发部经理魏文明,原山东山大科技专修学院王玉春。本书第 1 章、第 2 章由刘广文、王玉春、徐洪峰编写;第 3 章由朱艳丽、牟培超、刘广文、王冰、魏文明编写;第 4 章的 4.1 节、4.2 节、4.3 节由张鑫林、刘宏杰、宋向东编写,4.4 节由李文华、田新敏编写;第 5 章由吴棵、李文华编写;第 6 章由游洋、朱亮东编写;第 7 章由刘广文编写;第 8 章由黄铭丰、张银屏、李忠、任耀编写;第 9 章由黄铭丰、秦雯、陈威、何建栋、张巍咏编写;第 10 章由武有娜编写。刘广文、牟培超、王玉春对全书进行了统稿。

本书编写过程中参考了 Autodesk Inc. 主编的《Autodesk Revit Architecture 2012 官方标准教程》(2012 年电子工业出版社出版)以及中国国学会 BIM 建模师考试的部分试题,在此谨向原著者表示诚挚的谢意。

由于作者水平有限,书中难免有不足之处,请读者批评指正。

本书提供**学习辅导资料下载**,有需要的读者可发送邮件至 183637703@qq. com 邮箱获取,读者也可将对本书的意见和建议发送至以上邮箱,我们将及时给予回复。

编 者

2013 年 7 月 济南

目　　录

第1章 认识 BIM

1.1 什么是 BIM

BIM,也就是 Building Information Modeling,即建筑信息模型。那么,什么是建筑信息模型呢?

要回答这个问题,我们先把 BIM 中间的字母 I 去掉,只剩下 BM,为 Building Modeling,即建筑模型,这样一来就非常让人容易理解了,这种模型既可以是用塑料、木料等的材料做成的实体模型(图 1-1),也可以是用 3D MAX 等软件建成的虚拟模型,这些模型能让人对建筑物布局有一个感性的认识,能大体了解建筑各部分的比例。

要从一个 3D MAX 建成的建筑模型中知道二层柱的体积是一件非常困难的事情。正因为如此,我们希望模型里面会存储一定的信息,随时供我们查询、使用。这样 BM 中就要加入 Information,变成 BIM。图 1-2 是采用 BIM 建模软件建立的建筑模型,屋面为异型屋面。模型完成后,选中这个模型,屋面的体积和表面积都会自动显示出来,这就是 BIM 的优势。

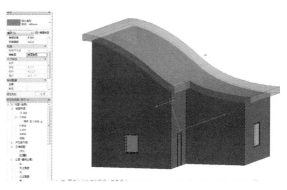

图 1-1 建筑模型　　　　　　　　　　　　　　图 1-2 BIM 模型

BIM 中的"I"具体包括哪些内容呢? 从理论和概念上讲,这里的"I"可以包括我们所能想得到的任何信息。但是,对一个建筑物而言,在它的报建、规划、设计、施工、监理、支付、使用、维护中的所有信息都可以被存储进去,也可以随时被读出来,以便于使用。这样一来,简单的模型就可以成为复杂的信息中心,在建筑物全寿命的各个阶段被充分利用,这在任何一个建筑物的生命周期阶段都很重要。目前,"I"突出地表现在设计和施工阶段,将来会向前移到规划阶段,向后延伸到使用、维护阶段。特别是将 BIM 与现代电子技术、检测技术结合在一起,将对建筑物的设计、施工、运营、控制和减少灾害发生,起到重要的作用。

1.2 BIM 做什么用

不理解 BIM 的概念,就无从断言 BIM 的应用。概念不清,仅仅可以在软件的应用上进行一些项目,而达不到最终的应用效果。

3D MAX 软件可以用来建立建筑模型,给模型附上材质,打上灯光,做出非常漂亮的效果,赢得业主的信任。但是,3D MAX 不能模拟出建筑物在一年四季被日光照射的情况。如果采用 BIM 软件建模,模型建立以后,各组成部分和构造层次就已经存储了大量信息,包括建筑物的地理位置信息,这样就可以进行日照分析,这个分析既可以是一年 365 天的,也可以是任一天任一小时的,在建筑建成前,分析出实际的日照情况,避免日后用户的纠纷。同时,也可以根据建筑材料的导热系数进行节能分析。

上述例子仅仅是 BIM 技术应用的冰山一角,BIM 还可以进行结构分析与设计、空间分析与设计、运营阶段的使用、维护管理⋯⋯

1.3　BIM 怎么实现

如前所述,BIM 技术有如此大的作用,那么,对于一个准备应用 BIM 技术的企业或组织而言,应该怎么实现 BIM 应用呢?

由于 BIM 是一个信息中心,其信息量巨大,不同组织对 BIM 的信息需求不同,希望达到的目标也不同,所以,在应用 BIM 前,应先明确目标。本书的目标是针对建筑施工企业的 BIM 应用。

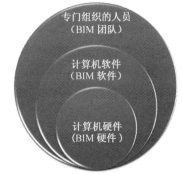

图 1-3　BIM 应用系统

一个完整的 BIM 应用系统由专门组织中的人员、计算机硬件、计算机软件三部分组成,如图 1-3 所示。

图 1-3 中强调的是"组织中的人员",是要表达一个思想——BIM 应用需要依靠团队来完成,单纯依靠一个人完成,难度非常之大。原因也非常简单——从投标开始至交付竣工,同时涉及的专业有建筑学、结构、装饰、强电、弱电、消防、采暖、通风与空调等,这不是靠个人之力可以完成的。所以,BIM 应用应该有一个团队,团队成员间应有明确的分工。这是 BIM 应用成功的组织保证。

计算机硬件在 BIM 应用中起到了关键作用,硬件选择必须与计算机 BIM 软件相匹配。没有良好的硬件支持,有时只好望 BIM 而兴叹!本书编者曾组织采用 BIM 技术投标一个 37.5 万平方米的群体建筑。该建筑群有 6 幢塔楼和 1 个连体地下室,最高塔楼 41 层,高度 180 多米,地下室 4 层。先是采用塔楼和地下室分开建模的形式分别建立了 BIM 模型,而且仅仅是建筑专业的。然后将 BIM 模型链接为一个整体模型,但所有的建模用的笔记本电脑都无法完成链接和组装,就是专门为 BIM 应用而配的一台至强工作站(至强 5 600,8 G 内存,1 T 硬盘)也仅仅完成链接,实现旋转操作和渲染都非常卡。最后,作者升级了自用电脑,配置为 i72600 K,32 G 内存,2 个 1 T 硬盘组成磁盘阵列,再组装链接模型,旋转操作、渲染等均非常流畅。

计算机软件是 BIM 应用的发动机。目前,BIM 软件正在日新月异地涌现,许多公司在选择软件时处在一个两难的境地,一是软件太多,不知道怎么选择;二是一旦选定了某个软件,用了不多久就会感到这个软件缺憾太多,没有足够的"零件仓库",实施 BIM 的"零件"稀缺,团队抱怨。

由于不同的企业有不同的目标市场,我们建议应该由企业针对自己的市场进行软件的选择。

软件应选正版的。正版软件会附加一些服务,这些服务是价值很高的。比如 Revit 软件的速博服务(subscript)可以将轴线、标高的生成简化,配筋简化。没有这些软件的附加服务,许多工作操作难度将非常大。

1.4　BIM 中的"BM"

实现 BIM 应用,第一步是生成"BM"。当然,目前的许多软件,在生成"BM"的同时,也加入了"I",但在本节,仅谈"BM"。

在生成"BM"时,也就是建模时,我们经常面对两种情况。一种是现在没有工程实体,工程还处于蓝图阶段,建模的是 AutoCAD 或其他 CAD 软件的图纸,这种情况下,我们可以把电子版图纸作为底图来进行建模。第二种情况是,现在存在一个半成品的建筑物,比如一幢主体结构已经完工的建筑,要在这幢建筑里面或外面进行装修,布置水电管线等工作,这时,既有建筑的蓝图,又有一个建筑实体,并且在蓝图与实体间是有误差的,有时误差还比较大,这种情况下的建筑,就不能简单采用第一种方法。而是要在第一种方法的基础上,采用测量手段修正模型,如采用三维激光扫描仪扫出已有建筑物的形状点云,用以修正建筑模型,使建筑模型与实际工程一致。

一般而言,施工企业多采用第一种形式建模,而装饰和机电安装企业应采用第二种方式建模。

1.5　BIM 软件之这山望着那山高

前面提到,BIM 软件非常丰富,许多企业在选择时会出现两难。然而,事实还有另一面——已经选了某一软件的企业往往也是这山望着那山高,在一种软件尚未使用熟练或彻底掌握前,又盲目引进另一种软件,而导致了"鼯鼠五技而穷"的尴尬境地。

造成这种情况的原因是多方面的,其主要原因一般不外乎三种:一是盲目上马,没有经过详细的考察与论证,采用的软件与企业需求存在偏差;二是人才特别是团队人才短缺,对软件的功能,特别是底层功能不了解,无法进行底层开发,因而缺少现成的族、零件或组件,最后导致应用困难;三是使用盗版软件。盗版软件的优点是成本低,但低成本的另一方面,却是服务的欠缺,出现无法及时更新版本,无法使用新功能,无法利用更先进的组件、族等情况。有时用盗版软件出现了问题,但无法定位到底是软件本身的还是用户的问题,从而得出这个软件不如那个软件的结论。而事实却是,每个软件都可以很好地完成任务。

1.6　BIM 在投标时的应用

投标是建筑施工单位承揽工程必经的一环。对许多施工单位而言,如何展示自己的技术实力与水平是非常重要的。

几年前,上海环球金融中心、北京央视大楼等项目的承包商,采用三维动画模拟施工过程(即现实所说的 4D)创出了 5 投 4 中的良好业绩。许多企业施工纷纷仿效,但是,惊人的成本让许多中小企业望而却步——动画费用 200～300 元/秒。因此,这一技术仅在若干具有实力的企业中使用。

幸运的是,BIM 的出现,特别是 Revit 等软件的推出,给了中小施工企业一个利好的机会和工具。借助 BIM 平台,中小施工企业也可以非常容易地实现施工过程的三维动画模拟。

投标的时间一般非常紧,许多企业根本没有时间仔细审核图纸,更不用说核对工程量清单。BIM 技术在这方面作用也非常大。只要 BIM 团队把建筑物模型建立起来,施工企业就会洞悉其中的一切,这种精细程度可以达到一根箍筋,一个接线盒,甚至是一个螺丝钉。建筑施工的重点、难点将会一目了然。想核对一下工程量清单吗? 给出明细表即可!

BIM 在投标中的应用主要是为了更好地表达和体现投标方案的意图,采用 BIM 技术可以很好地表达投标书中的进度计划、现场平面布置、质量控制要点及安全文明施工。BIM 中的动画,可以更加形象地表达进度、质量、安全文明等方案内容。

如果投标中有哪些技术细节不清,也可以应用 BIM 技术进行三维或四维甚至是五维模拟,根据模拟情况修改技术方案,提出技术措施,甚至是对业主的合理化建议。

1.7 BIM 在项目现场管理中的应用

通过 BIM 技术,可以把施工现场平面规划做成三维的,可以精确模拟不同施工阶段的现场变化情况,为施工现场管理作指导。

BIM 技术可以精确反映现场变化,查找资源,更加方便解决冲突。通过 BIM 技术,甚至可以在建造中跟踪每个工人的各种信息,为施工质量、安全、进度提供保证。

图 1-4 是一个施工现场平面布置图,图 1-5 是同一个现场布置的 BIM 模型。一对比就可以清楚地看出,BIM 模型的信息量更大、更直观。

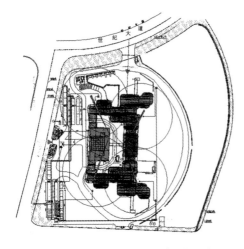
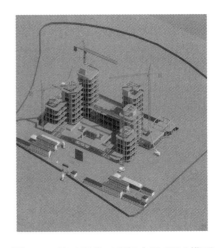

图 1-4 某工程的施工现场平面图   图 1-5 某工程施工现场布置 BIM 模型

1.8 BIM 在技术交底中的应用

传统的技术交底是平面的,文字陈述多,不直观。如果工人的文化水平低,这种交底通常没有多少实际作用。

采用了 BIM 技术之后,技术交底可以做成多媒体的,内容中可以体现许多传统技术交底无法做到的项目。比如形象地给出完整的带语音的钢筋绑扎过程,可以模拟钢结构安装时每个节点的螺栓安装顺序和每道焊缝的焊接顺序及要求。这种交底形象直观,通过 3 G

或 4 G 网络,即使工人在作业面上遇到问题,拿出手机即可观看视频,解决遇到的难题。有条件的企业,可以在作业面上配备三维激光扫描仪,实现远程作业指导。

1.9　BIM 在验收中的应用

在工程质量验收中,会经常遇到一些需要验收的工程的形状、尺寸信息。这些信息包括轴线、洞口尺寸、预埋件偏差等。传统的验收手段一般都是查阅图纸,然后实测工程实体,这种检测劳动强度很高,且只能抽测。其代表性对工程质量、安全意义不是很强。

如果采用 BIM 技术建立起工程的信息模型,辅之以三维激光扫描仪对整个工程实体扫描,将扫描的数据与 BIM 模型进行对比,偏差的结果将非常容易显示出来。这样,任何部位的细小偏差都会清晰呈现,既降低了劳动强度,又提高了验收效率,同时,能及时全面地发现重大偏差,特别是对一些高层、超高层的偏差,非常重要。

1.10　BIM 在装饰设计中的应用

借助三维激光扫描仪,在装饰设计前,即可对拟装饰的部位进行扫描,以扫描而得的点云数据,将拟装饰部位建立 BIM 模型,这种 BIM 模型是完全真实的,任何实际情况都会一览无遗。因此,装饰设计就可以在完全真实的条件下进行,而一改以前设计与实际经常出现不一致或出入的现象,可以提高装饰设计的速度,保证设计的质量。

第 2 章　BIM 应用基础

2.1　BIM 的团队

一个施工企业,引入 BIM 技术,首先要做的就是搭建一支 BIM 应用团队。因为 BIM 是一个系统工程,单靠一两个人是完成不了的。BIM 的专业组合也十分重要。现在建筑工程系统越来越复杂,没有良好的专业组合,几乎不可能完成一个项目。BIM 团队中应配备土建、电气、通风、空调、给排水、强电、弱电、消防等各个专业的工程师。这些工程师应熟悉计算机常见软件的应用,经过 BIM 软件的系统培训,是本专业的行家。有的施工单位想实现 BIM,但他们发现自己的 BIM 工程师看不懂图纸,这样根本实现不了 BIM。反过来,能看懂图,也知道怎么干,就是不懂 BIM 软件,也无法实现 BIM 管理。

作为一个应用 BIM 技术的施工企业,应该有一个专职的 BIM 负责人,在企业组建一支 BIM 核心团队,每个应用 BIM 的工程项目还应当组建一个项目 BIM 团队。专职的 BIM 负责人应该是施工出身,一般不应从软件开发人员或者设计单位的人员转行而来,因为转行而来的人对施工不熟悉,会造成许多不便。专职的 BIM 负责人领导企业的 BIM 核心团队,指导他们的工作,检查项目部的 BIM 建模人员的工作。企业 BIM 核心团队负责整个企业的 BIM 应用,具体指导工程项目的 BIM 建模和应用。项目 BIM 团队具体负责该项目 BIM 应用的建模、分析、应用整合等工作。

项目 BIM 团队应有 BIM 经理、BIM 总工和 BIM 建模师等人员。BIM 经理负责日常 BIM 工作的管理、安排 BIM 培训、配置和更新 BIM 相关的数据集、安排图纸会审。BIM 总工负责管理 BIM 模型、从模型中提取数据、统计工程量、生成明细表、保证数据质量。BIM 建模师负责根据本专业的设计图纸建立本专业的 BIM 模型,在三维环境里执行设计变更的修改,检查本专业的碰撞。

2.2　BIM 的硬件

应用 BIM 的范围以及采用的软件和辅助设备决定 BIM 的硬件配置。BIM 的硬件配置包括 BIM 计算机的配置和 BIM 辅助硬件的配置。

BIM 如果仅应用在某项目或局部地区,则单机版的 BIM 软件可以胜任。此时,硬件只要满足软件的要求即可。

BIM 应用范围如达到省级地域范围,则应建立 BIM 的数据中心,此时应配备 BIM 服务器,通过 WAN 网进行管理,对服务器和客户机要求均较高。

如果采用三维激光扫描仪扫描点云数据用于 BIM 工作,则要配置高内存、高频 CPU 及万转以上硬盘或 SSD 硬盘,否则将没有效率可言,那时,也许就是望"数据"兴叹。

在具体如何选择采用单一 SSD 硬盘还是仅仅把 SSD 作为系统盘使用方面,首先应考虑应用单位的经济状况,如果经济条件允许,可以购置一台容量较大的 SSD 硬盘,同时作为系统盘和应用盘,这类 SSD 的容量一般不低于 256 G,但是与普通硬盘比,SSD 一个比较致命的缺陷是——SSD 损坏后,其数据恢复的可能性非常低,所以采用这种配置的计算机一定要定期备份数据,特别重要的数据应随时备份。如果经济条件较差,又想利用 SSD 的优势,建议采用小容量的 SSD 硬盘作为系统盘,数据放在机械硬盘上,这时候机械硬盘的转速不能太小,建议 7 200 转以上。如果经济条件很差,又想得到较好的速度,建议组成 raid0 的磁盘阵列。

下面将常用的 BIM 软件对硬件的要求列出,供大家参考。

2.2.1　Revit 系列软件

Revit 是 Autodesk 公司一套系列软件的名称。Revit 系列软件是专为建筑信息模型 (BIM)构建的。Autodesk Revit 包括 Autodesk Revit Architecture,Autodesk Revit MEP 和 Autodesk Revit Structure 三套软件。当前最新版本为 2014 版。

根据 Autodesk 官方网站的说明,Revit 软件的系统要求分为入门级配置、平衡价格和性能、大型复杂模型及 Revit server。入门级配置的要求见表 2-1,平衡价格和性能级硬件配置要求见表 2-2,大型、复杂的模型硬件配置要求见表 2-3。

表 2-1　　　　　　　Revit 软件的入门级配置要求(摘自 Autodesk 网站)

操作系统	Microsoft® Windows® 7　32 位 ● Enterprise ● Ultimate ● Professional ● Home Premium Microsoft® Windows® XP SP2(或更高版本) ● Home ● Professional
浏览器	Microsoft® Internet Explorer® 7.0(或更高版本)
CPU 类型	单核或多核 Intel® Pentium®、Xeon®或 i 系列处理器或采用 SSE2 技术的同等 AMD®处理器。建议尽可能使用高主频 CPU。 Revit 产品的许多任务要使用多核,最多需要 16 核进行接近照片级真实感的渲染操作
内存	4 GB RAM。此大小通常足够一个约占 100 MB 磁盘空间的单个模型进行常见的编辑会话
视频显示	1 280×1 024 真彩色
视频适配器	基本图形:支持 24 位色的显示适配器; 高级图形:Autodesk 建议使用支持 DirectX® 10(或更高版本)及 Shader Model 3 的显卡
硬盘	5 GB 可用磁盘空间
定点设备	MS 鼠标或 3Dconnexion®兼容设备·

表 2-2　　　　　　平衡价格和性能级硬件配置要求(摘自 Autodesk 网站)

操作系统	Microsoft® Windows® 7　64 位 ● Enterprise ● Ultimate ● Professional ● Home Premium
浏览器	Microsoft® Internet Explorer® 7.0(或更高版本)
CPU 类型	多核 Intel® Xeon®或 i 系列处理器或采用 SSE2 技术的同等 AMD®处理器。建议尽可能使用高主频 CPU。 Revit 产品的许多任务要使用多核,最多需要 16 核进行接近照片级真实感的渲染操作

续表

内存	8 GB RAM 此大小通常足够一个约占 300 MB 磁盘空间的单个模型进行常见的编辑会话
视频显示	1 680×1 050 真彩色
视频适配器	Autodesk 建议使用支持 DirectX® 10(或更高版本)及 Shader Model 3 的显卡
硬盘	5 GB 可用磁盘空间
定点设备	MS 鼠标或 3Dconnexion® 兼容设备

表 2-3 　　　　　　　　大型、复杂的模型硬件配置要求(摘自 Autodesk 网站)

操作系统	Microsoft® Windows® 7　64 位 ● Enterprise ● Ultimate ● Professional ● Home Premium
浏览器	Microsoft® Internet Explorer® 7.0(或更高版本)
CPU 类型	多核 Intel® Xeon® 或 i 系列处理器或采用 SSE2 技术的同等 AMD® 处理器。
内存	16 GB RAM 此大小通常足够一个约占 700 MB 磁盘空间的单个模型进行常见的编辑会话
视频显示	1 920×1 200 或更高,采用真彩色
视频适配器	Autodesk 建议使用支持 DirectX® 10(或更高版本)及 Shader Model 3 的显卡
硬盘	● 5 GB 可用磁盘空间 ● 10 000+ RPM(用于点云交互)
定点设备	MS 鼠标或 3Dconnexion® 兼容设备

Autodesk 建议尽可能使用高主频 CPU。Revit 产品的许多任务要使用多核,最多需要 16 核进行接近照片级真实感的渲染操作。

需要注意的是,上述配置对内存的要求都是基于单个模型,如果模型数量多,内存需求就会更大。模型建立得越精细,需要的内存越大。

2.2.2　Autodesk® Revit® Server

Autodesk ® Revit ® Server 是一款可选的 Revit 软件服务器应用程序。广域网(WAN)中的多个用户可通过该应用程序同时参与 Revit 项目的工作。

Autodesk® Revit® Server 可与 Revit Architecture,Revit MEP,Revit Structure 和 Autodesk Building Design Suite 中的 Revit 配合使用。Autodesk® Revit® Server 的硬件配置要求见表 2-4。

表 2-4 　　　　　　　　Autodesk® Revit® Server 的硬件配置要求

操作系统	Microsoft® Windows® Server 2008 64 位 Microsoft® Windows® Server 2008 R2 64 位		
Web 服务器	Microsoft® Internet Information Server 7.0(或更高版本)		
< 100 个并发用户(多个模型)	最低要求	性价比优先	性能优先
CPU 类型	4+ 核心 2.6 GHz+	6+ 核心 2.6 GHz+	6+ 核心 3.0 GHz+
内存	4 GB RAM	8 GB RAM	16 GB RAM

续表

硬盘驱动器	7 200＋ RPM	10 000＋ RPM	15 000＋ RPM
100＋ 并发用户(多个模型)	最低要求	性价比优先	性能优先
CPU 类型	4＋ 核心 2.6 GHz＋	6＋ 核心 2.6 GHz＋	6＋ 核心 3.0 GHz＋
内存	8 GB RAM	16 GB RAM	32 GB RAM
硬盘驱动器	10 000＋ RPM	15 000＋ RPM	高速 RAID 阵列
虚拟化	VMware® 和 hyper-v® 支持		

2.2.3　Tekla Structures

Tekla Structures 是 Tekla 公司出品的 BIM 软件。Tekla Structures 的功能包括 3D 实体结构模型与结构分析完全整合、3D 钢结构细部设计、3D 钢筋混凝土设计、专案管理、自动 Shop Drawing、BOM 表自动产生系统。Tekla Structures 15.1 的硬件配置建议见表 2-5。

表 2-5　　　　　　　　　　Tekla Structures 15.1 的硬件配置要求

设备	建议配置	最佳配置
处理器	Intel Core 2 Duo CPU 2.00 GHz*) AMD Athlon 64X25050E AM2	Intel Core 2 Quad CPU 2.40 GHz→*) AMD Phenom 9950 Black Edition 2.6 GHz
内存	4 GB	8 GB→
硬盘	150～200 GB, 7 200～10 000 rpm	200 GB→, 7 200 rpm (SATA or SAS)
显卡	OpenGL support, 256～512 MB, 例如 NVIDIA 8800GTS (PCI express)	OpenGL support, 512 MB, two monitor Support, 例如 NVIDIA Quadro FX series
显示器	21″ 1 600×1 200 或者 24″ 1 920×1 200 (1 台或 2 台)	2 台 24″ LCD,每台分辨率:1 920×1 200
鼠标	3 按键光电鼠标	3 按键无线光电鼠标,例如罗技
网络设配器 (针对多用户)	100 MB	1 GB 双向
Internet 连接	DSL 2 MB	DSL 2 MB→
备份设备	DVD-RW DLT	device
操作系统	Windows XP Professional, Windows Vista, 32-bit	Windows Vista 64-bit

2.2.4　MagiCAD 硬件配置要求

MagiCAD 是芬兰普罗格曼有限公司开发的一套 BIM 软件,MagiCAD 拥有强大的产品库,同时在 AutoCAD 和 Revit 双平台上都有相应版本的软件。MagiCAD 在机电 BIM 方面具有独特的优势,这些优势体现在其良好的易用性、丰富的产品库、良好的与其他软件间的数据交换的性能。MagiCAD 的硬件要求与 AutoCAD 和 Revit 对系统硬件的要求完全一致。Revit 的硬件要求在前面已经列出,下面给出 AutoCAD 2012 对硬件的要求。

1. 32 位 AutoCAD 系统需求

(1) Microsoft ® Windows ® 7 Enterprise, Ultimate, Professional 或 Home Premium (Windows 7 版本进行比较);Microsoft ® Windows Vista ® Enterprise、Business、Ultimate 或 Home Premium(SP2 或更高版本)(Windows Vista 版本进行比较);或 Microsoft ®

Windows ® XP Professional 或 Home edition（SP3 或更高版本）。

（2）对于 Windows Vista 或 Windows 7：采用 SSE2 技术的 Intel ® Pentium ® 4 或 AMD 速龙 ® 双核处理器，3.0 GHz 或更高；对于 Windows XP：Intel Pentium 4 或 AMD Athlon dual core 处理器，1.6 GHz 或更高，采用 SSE2 技术。

（3）2 GB RAM。

（4）2 GB 可用磁盘空间用于安装。

（5）1 024×768 显示器分辨率真彩色。

（6）Microsoft ® Internet Explorer ® 7.0 或更高版本。

2. 64 位 AutoCAD 系统需求

（1）Microsoft Windows 7 Enterprise、Ultimate、Professional 或 Home Premium（Windows 7 版本进行比较）；Microsoft Windows Vista Enterprise、Business、Ultimate 或 Home Premium（SP2 或更高版本）（Windows Vista 版本进行比较）；或 Microsoft Windows XP Professional（SP2 或更高版本）。

（2）AMD Athlon 64，采用 SSE2 技术，具有 Intel em 64t 支持并采用 SSE2 技术或 Intel Pentium 4 Intel em 64t 支持并采用 SSE2 技术的英特尔 ® 至强 ® 处理器支持 SSE2 技术的 AMD 皓龙 ® 处理器。

（3）2 GB RAM。

（4）2 GB 可用磁盘空间用于安装。

（5）1 024×768 显示器分辨率真彩色。

（6）Internet Explorer 7.0 或更高版本。

3. 三维建模（所有的配置）的其他配置要求

（1）Intel Pentium 4 处理器或 AMD Athlon，3 GHz 或更高 ；或者 Intel 或 AMD dual core 处理器，2 GHz 或更高。

（2）2 GB RAM 或更大。

（3）2 GB 硬盘空间除安装所需的可用空间。

（4）1 280×1 024 真彩色视频显示适配器 128 MB 或更高，Pixel Shader 3.0 或更高版本，Microsoft ® Direct3D ® 的功能的工作站级图形卡。

2.2.5 BIM 的辅助硬件

1. 三维激光扫描仪

三维激光扫描仪是利用激光测距的原理，通过记录被测物体表面大量的密集点的三维坐标、反射率和纹理等信息，可快速复建出被测目标的三维模型及线、面、体等各种图件数据。由于三维激光扫描系统可以密集地大量获取目标对象的数据点，因此，相对于传统的单点测量，三维激光扫描技术也被称为从单点测量进化到面测量的革命性技术突破。该技术在文物古迹保护、建筑、规划、土木工程、工厂改造、室内设计、建筑监测、交通事故处理、法律证据收集、灾害评估、船舶设计、数字城市、军事分析等领域也有很多的探索与尝试。

2. 三维打印机

三维立体打印机，也称三维打印机（3D Printer，简称 3DP）是快速成型（Rapid Prototyping, RP）的一种工艺，采用层层堆积的方式分层制作出三维模型，其运行过程类似于传统打印机，只不过传统打印机是把墨水打印到纸质上形成二维的平面图纸，而三维打印机是把液态光敏树脂材料、熔融的塑料丝、石膏粉等材料通过喷射黏结剂或挤出等方式实现层层堆积叠加形成三维实体。

3. 手持设备

BIM 的手持设备一般是指手机、平板电脑等设备,通过 BS 结构的 BIM 展示系统,可以随时随地查看 BIM 模型。BIM 辅助硬件的工程应用见本书第 9 章。

2.3　BIM 的软件

BIM 的软件包括建模软件(Revit,ArchiCAD 等)、方案设计软件、几何造型软件、可持续分析软件、机电分析软件、结构分析软件、模型检查软件、深化设计软件、碰撞检查软件、造价管理软件、运营管理软件、发布和审核软件等。这些软件中,处于核心地位的是建模软件,因此建模软件又称为核心建模软件。

BIM 常见的软件有 Autodesk 公司的 Revit,ArchiCAD,Tekla Structures,Tekla BIMSight,MagiCAD 等,国内的理正、广联达等都在转行做 BIM 软件。因此,对于准备实施 BIM 的企业来讲,选择合适的 BIM 软件会起到事半功倍的效果。

对建筑施工企业而言,以土建为主的企业推荐采用 Revit,可以采用 Tekla;以安装工程为主的企业推荐采用 MagiCAD,可以采用 Revit MEP,当然,也可以采用 ArchiCAD 系列。钢结构与幕墙施工企业可以选择 Revit＋Tekla,设计企业可以采用 Revit 全部＋犀牛(Rhone＋grass hopper);水电安装企业可以单选 MagiCAD 或 Revit MEP。

第 3 章 基于 Revit 的 BIM 实践

3.1 Revit 的安装

Revit 安装时,应注意 Windows 7 要以管理员程序运行;软件安装路径最好默认;不要有中文名字。

安装过程中第一个常见的问题是安装程序启动后不久,弹出窗口,提示 Revit 无法安装,如图 3-1 所示。这种情况出现的原因有两个:第一个原因是安装时,存放 Revit 安装文件的文件路径上存在中文,也就是说,在"C:\Revit,D:\Revit,E:\Revit"下可以安装,但在"C:\Revit 安装"或"C:\Revit\Revit 安装"文件夹下,都不能正确安装;第二个原因是登录 Windows 系统的用户名是中文的,这时 Revit 无法创建临时文件。其实,这都是因为 Microsoft C++ 2005RTL 中的中文支持的问题造成的。

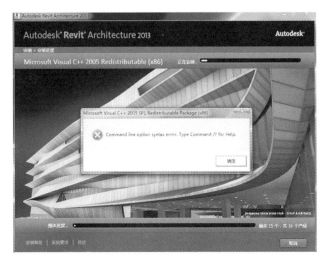

图 3-1 Revit 安装失败

第二个常见问题是在 XP 下无法完成安装,这里有两个原因。第一个原因是 Revit 支持环境为 XP SP2 以上,检查一下系统是否打齐补丁;第二,Revit 需要 IE7.0 以上的浏览器支持,XP 下的浏览器一般为 IE6.0,所以决定在 XP 下安装 Revit 时,一定要检查一下浏览器的版本是否符合要求。

第三个常见问题是安装完成后,启动 Revit,发现库文件的路径上找不到模板,这是因为所用软件的安装版为在线安装版,但安装过程是离线的,安装过程中未能在网上下载到相应的模板。

第四个常见问题是当开始安装时,提示要安装 20 多个组件,但是安装到倒数 5～7 步时,安装进度条停滞不前,安装过程似乎死掉了。这时要不要关闭安装程序重新安装?其实,安装程序近乎死掉的原因是程序正在由互联网上下载必要的组件和模板,这个过程需要 20～40 min,时间的长短取决于计算机硬件性能及网络速度。此时,一定要耐心等待。

3.2 Revit 的界面

3.2.1 工作界面介绍

双击桌面的 Revit 图标后,出现如图 3-2 所示的界面。

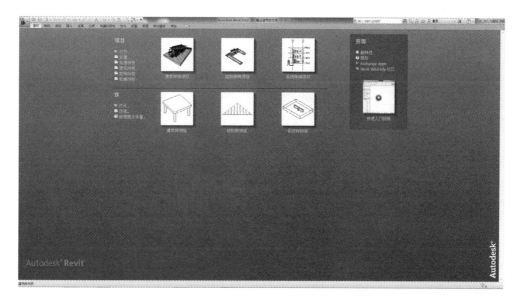

图 3-2　Revit 的启动界面

单击"建筑样板",出现如图 3-3 所示的工作界面,用户就是在这个屏幕窗口下创建 Revit 建筑模型的。整个工作界面由应用程序菜单、快速访问工具栏、功能区、上下文功能区选项卡、全导航控制盘、ViewCube、视图控制栏等组成,下面对每一区域的功能作简单介绍。

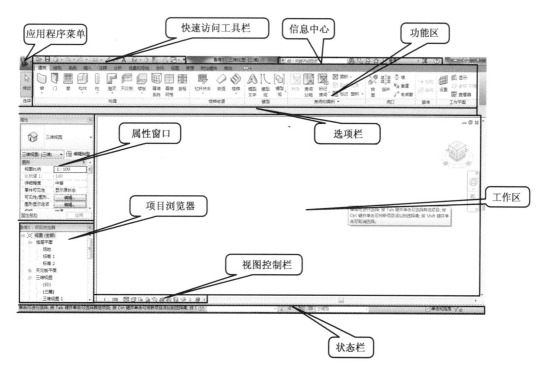

图 3-3　Revit 工作界面

图 3-4　应用程序菜单　　　　　　　　　　　　　图 3-5　选项窗口

3.2.1.1　应用程序菜单

应用程序菜单提供对常用文件操作的访问，如"新建"、"打开"和"保存"菜单。还允许使用更高级的工具（如"导出"和"发布"）来管理文件。单击 打开应用程序菜单，如图 3-4 所示。

在 Revit 中自定义快捷键时选择应用程序菜单中的"选项"命令，弹出"选项"对话框，如图 3-5 所示。在这个窗口中可以对使用 Revit 的工作过程进行设定，以方便用户工作，包括常规、用户界面、图形、文件位置、渲染、SteeringWheels、ViewCube 和宏。其中比较常用的是用户界面和图形。

单击图 3-5 中的"用户界面"按钮，切换到图 3-6 所示的用户界面选项卡，然后单击"用户界面"选项卡中"快捷键"下的"自定义"按钮，在弹出"快捷键"对话框中进行设置，如图 3-7 所示。

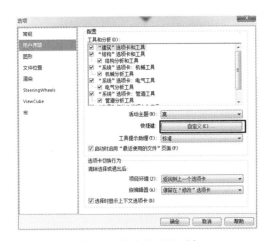

图 3-6　用户界面选项卡　　　　　　　　　　　　图 3-7　快捷键对话框

在快捷键对话框中可以设置用户自己的快捷键，也可以查看系统的快捷键。

单击如图 3-5 所示的"图形"按钮，切换到图 3-8 所示的图形选项卡，在图形选项卡中的

"图形模式"下有两个选项"使用硬件加速"和"使用反失真"。如果发现安装的 Revit 运行很慢或者卡顿,可以尝试取消选择"使用硬件加速"。

　　如果建模过程中出现如图 3-9 所示的"发花"现象,可以选择"使用反失真"选项,显示就会如图 3-10 所示一样恢复正常。

　　如果你习惯于 AutoCAD 的黑色背景,则在如图 3-8 所示的点选"颜色"下的"翻转背景色",显示就变成了如图 3-11 所示的黑色背景。取消选择,就会恢复白色背景。

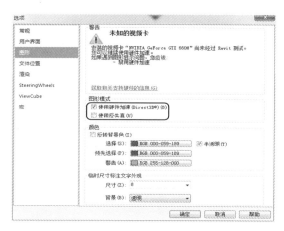

图 3-8　图形选项卡

图 3-9　显示"发花"示意图

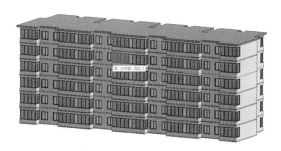

图 3-10　正常的显示

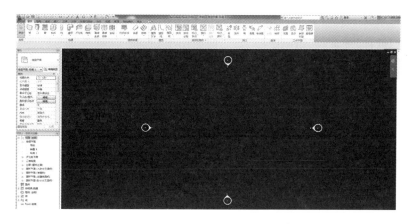

图 3-11　黑色背景的显示

3.2.1.2　快速访问工具栏

　　快速访问工具栏是提供对常用命令的快速访问的工具,位于整个界面的最上方,如图 3-12 所示。

图 3-12　快速访问工具栏

单击快速访问工具栏后的下拉按钮 ▼,将弹出工具列表,如图 3-13 所示。在 Revit 中每个应用程序都有一个 QAT(快速访问工具按钮)。

单击图 3-13 中的"自定义快速访问工具栏",弹出如图 3-14 所示的"自定义快速访问工具栏"对话框,在此对话框中可对快速访问工具栏中的命令进行向上/向下移动命令、添加分隔符、删除命令等操作。

若要向快速访问工具栏中添加功能区的按钮,可在功能区中单击鼠标右键,然后单击"添加到快速访问工具栏",按钮会添加到快速访问工具栏中默认命令的右侧,如图 3-15 所示。

图 3-13　快速访问工具栏　　　图 3-14　自定义快速访问工具栏　　　图 3-15　向快速访问工具栏
　　　　的工具列表　　　　　　　　　　　　　　　　　　　　　　　　　　添加按钮

3.2.1.3　信息中心

信息中心工具栏是一个工具集合,它可以帮助用户查找有关 Revit Architecture 的信息。信息中心包含"搜索"、"通讯中心"、"速博应用中心"和"收藏夹"工具。Revit Architecture 帮助也位于信息中心工具栏上,如图 3-16 所示。

图 3-16　信息中心

3.2.1.4　功能区三种类型的按钮

功能区包括以下三种类型的按钮(图 3-17):

(1)按钮(如门):单击可调用工具。

(2)下拉按钮:图 3-17 中"墙"包含一个下拉箭头,用以显示附加的相关工具。

(3)分割按钮:调用常用的工具或显示包含附加相关工具的菜单。

如果按钮上有一条线将按钮分割为 2 个区域,单击上部(或左侧)可以访问通常最常用的工具,单击另一侧可显示相关工具的列表,如图 3-17 所示。

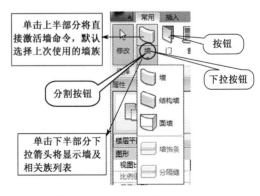

图 3-17　功能区的按钮种类

3.2.1.5 上下文关联选项卡

激活某些工具或选择图元时,会自动增加并切换到一个"上下文关联选项卡",其中包含一组只与该工具或图元的上下文相关的工具。退出该工具或取消选择图元时,上下文关联选项卡即会关闭。

如图 3-18 所示,单击"墙"工具时,将显示"修改|放置 墙"的上下文关联选项卡,其中显示 9 个面板:

图 3-18 "修改|放置 墙"功能选项卡

(1) 选择:包含"修改"工具。

(2) 属性:包含"类型属性"和"属性"。

(3) 剪贴板:包含"从剪贴板中粘贴"、"剪切"、"复制剪贴板"和"匹配属性类型"。

(4) 几何图形:包含连接段切割、剪切、连接等工具。

(5) 修改:包含在绘图区域中编辑图元的修改工具。

(6) 视图:包含对图元显隐、替换图形及线处理工具。

(7) 测量:包括尺寸标注及测量工具。

(8) 创建:包含创建部件、创建组和创建类似实例。

(9) 绘制:包含绘制墙草图所必须的绘图工具。

3.2.1.6 全导航控制盘

在三维视图提供全导航控制盘(大)和全导航控制盘(小)供用户使用,如图 3-19 所示。用户可以查看各个对象以及围绕模型进行漫游和导航。

显示其中一个全导航控制盘时,单击任何一个选项,然后按住鼠标不放即可进行调整,如按住缩放,前后拉动鼠标可进行视图的大小控制。

3.2.1.7 ViewCube

ViewCube 是一个三维导航工具,可指示模型的当前方向,并让用户调整视点,这个工具只能在三维视图中使用,如图 3-20 所示。

图 3-19 全导航控制盘

图 3-20 ViewCube

主视图是随模型一同存储的特殊视图,可以方便地返回已知视图或熟悉的视图,用户可将模型的任何视图定义为主视图。如图 3-20 所示。在 ViewCube 上单击鼠标右键,在弹出的快捷菜单中选择"将当前视图设定为主视图"命令。

3.2.1.8 视图控制栏

视图控制栏位于 Revit 窗口底部的状态栏上方,如图 3-21 所示。

通过它可以快速访问影响绘图区域的功能,视图控制栏工具从左向右依次是:

图 3-21 视图控制栏

(1) 比例。用于调直视图的比例。

(2) 详细程度。单击"详细程度"图标,可选择"粗略"、"中等"、"精细"的详细程度,此方法适用于所有类型视图。Revit 中的图元有不同的显示详细程度。

(3) 模型图形样式。单击可选择线框、隐藏线、着色、一致的颜色和真实 5 种模式。

(4) 打开/关闭阴影。

(5) 显示/隐藏渲染对话框。仅当绘图区域显示三维视图时才可用。

(6) 打开/关闭裁剪区域。

(7) 显示/隐藏裁剪区域。

(8) 锁定/解锁三维视图。

(9) 临时隐藏/隔离。

(10) 显示隐藏的图元。

3.2.1.9 状态栏

状态栏位于 Revit 界面的最下方,如图 3-22 所示。

单击可进行选择; 按 Tab 键并单击可选择其他项目; 按 Ctrl 键并单击可将新项目添加到选择集; 按　　　　　　　　　　　　　　　　:0　　主模型

图 3-22 状态栏

状态栏的作用是提供一些技巧和提示、显示族和类型的名称、指示文件的下载进度。

3.2.1.10 鼠标右键菜单

在绘图区域单击鼠标右键,弹出快捷菜单,如图 3-23 所示。在选中不同的已经绘制完成的图元,在图元上单击右键,也会弹出不同的右键菜单。

3.2.1.11 项目浏览器

在图 3-2 的窗口左下部位就是项目浏览器。项目浏览器包括了项目中的所有的视图、图例、明细表、图纸、族、组和链接文件。建模过程中经常要在项目浏览器下的视图中双击某个标高或者某个立面进行建模。

3.2.1.12 属性窗口

在图 3-2 的窗口右侧中间是属性窗口。属性窗口显示正在进行的操作属性。如单击视图中的空白处,就显示视图的属性。选择图元就显示图元属性。通过属性窗口的"编辑类型"按钮,

图 3-23 鼠标右键菜单

可以修改图元的类型或者新建族的类型。

3.2.2　基本编辑命令

Revit 常规的编辑命令适用于软件的整个绘图过程,如移动、复制、旋转、阵列、镜像、对齐、拆分、修剪、偏移等编辑命令,下面主要通过墙体和门窗的编辑来详细介绍。

3.2.2.1　墙体的编辑

选中墙体后,或进入墙绘制状态单击"修改|放置 墙"选项卡,"修改"面板下的编辑命令如图 3-24 所示。

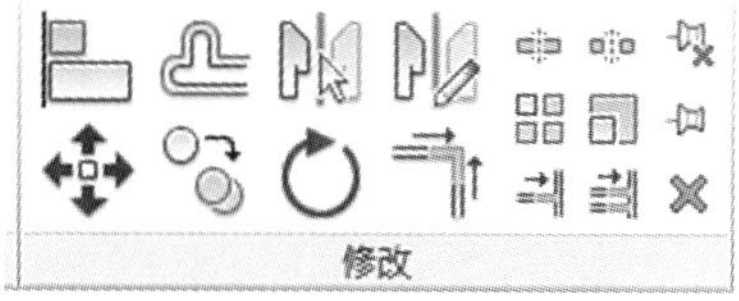

(1)对齐:在各视图中对构件进行对齐处理。选择目标构件,使用 Tab 键确定对齐位置,再选择需要对齐构件,再次使用 Tab 键选择需要对齐的部位。

图 3-24　"修改"面板

(2)偏移:在 选项栏设置偏移,选择"图形方式"偏移。如偏移时需生成新的构件,勾选"复制"选项,单击"起点输入数值",回车确定即可复制生成平行墙体,选择"数字方式"直接在"偏移"后输入数值,仍需注意"复制"选项的设置,在墙体一侧单击鼠标可以快速复制平行墙体。

(3)镜像-拾取轴:可以使用现有的线或边作为镜像轴反转选定图元的位置。

(4)镜像-绘制轴:绘制一条临时线,用作镜像轴。

(5)拆分:单击"拆分图元",在平面、立面或三维视图中鼠标单击墙体的拆分位置即可将墙水平或垂直拆分成几段;单击"用间隙拆分",可将墙拆分成已定义间隙的两面单独的墙。

(6)移动:可将选定图元移动到视图中指定的位置。

(7)复制:勾选选项栏 修改|墙　☑约束　☐分开　☑多个 选项,拾取复制的参考点和目标点,可复制多个墙体到新的位置,复制的墙与相交的墙自动连接。

(8)旋转:拖曳"中心点" 可改变旋转的中心位置。鼠标拾取旋转参照位置和目标位置,旋转墙体。也可以在选项栏设置旋转角度值后回车旋转墙体 ☑分开　☑复制　角度:45 (注意勾选"复制"会在旋转的同时复制一个墙体的副本)。

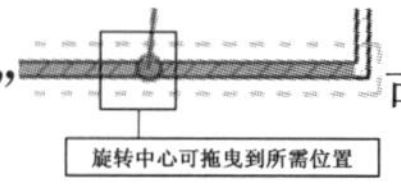

(9)修剪/延伸:选择"修剪/延伸单个图元"或"修剪/延伸多个图元"命令,既可以修剪也可以延伸墙体。

(10)阵列:在选项栏 ☐成组并关联　项目数:2　移动到:◉第二个　◯最后一个　☑约束 中进行设置,"成组并关联"选项的使用,输入阵列的数量,选择"移动到"选项,在视图中拾取参考点和目标点位置,二者间距将作为第一个墙体和第二个或最后一个墙体的间距值,自动阵列墙体。

(11)缩放:选择墙体,单击"缩放"命令,选项栏 ◉图形方式　◯数值方式　比例:2 选择比例方式。"图形方式"单击整道墙体的起点、终点,以此来作为缩放比例的参照距离,再单击墙体新的起点、终点,确认缩放比例后的大小距离;"数值方式"直接缩放比例数值,回车确认即可。

3.2.2.2　门窗的编辑

选择门窗,自动激活"修改|门(窗)"选项栏。

在平面视图中复制、阵列、镜像门窗时,如果没有同时选择其门窗标记的话,可以在后期随时添加。单击"注释"选项卡"标记"面板下,选择"①全部标记"命令,弹出"标记所有未标记的对象"对话框,选择所要标记的对象,并进行相应设置,所选标记将自动完成标记,如图3-25所示。

图 3-25 全部标记对话框

3.2.2.3 视图选项卡上的基本命令

单击功能区的"视图"选项卡,打开"视图"选项卡,如图 3-26 所示。

下面介绍几个常用的按钮。

图 3-26 视图选项卡

(1)细线:细线按钮位于"图形"面板。软件默认的打开模式是粗线模型,当需要在绘图中以细线模型显示时,可选择"图形"面板中的"❤细线"命令。

(2)窗口切换:窗口切换位于"窗口"面板。绘图时打开多个窗口,通过"窗口"面板上的"❤切换窗口"命令选择绘图所需窗口。

(3)关闭隐藏对象:位于"窗口"面板。自动隐藏当前没有在绘图区域上使用的窗口。

(4)复制:位于"窗口"面板。单击命令,复制当前窗口。

(5)层叠:位于"窗口"面板。单击命令,当前打开的所有窗口层叠地出现在绘图区域,如图 3-27 所示。

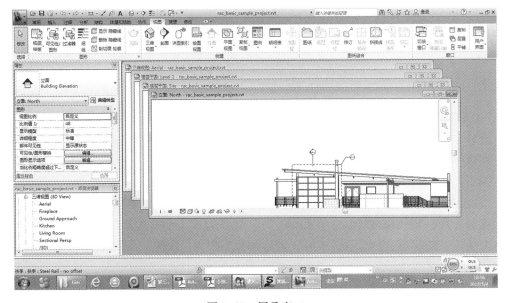

图 3-27 层叠窗口

（6）平铺：单击命令，当前打开的所有窗口平铺在绘图区域，如图 3-28 所示。

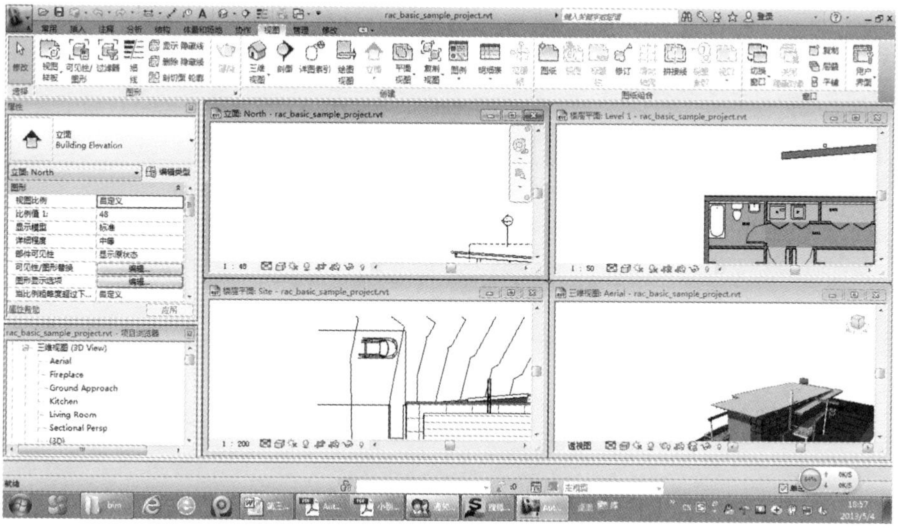

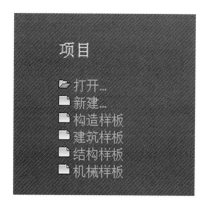

图 3-28　平铺窗口

3.3　Revit 建模基础

对建筑建模首先要了解建筑的一些特性，一个建筑物有 6 个面，4 个是墙面，1 个顶棚，1 个地面，在建模时都要绘制。这 6 个面都需要定位，定位墙面一般采用轴线，定位地面和顶棚要用到标高。

在 Revit 建模中，最重要的，也是第一步，就是要确定建筑物的定位关系——标高与轴线。绘制的顺序也是先绘标高，再绘轴线。

3.3.1　建立新项目

1）Revit 中的项目

Revit 中的项目就是一个 Revit 文件。新建一个项目，必须有一个项目的样板，也就是项目的基本组织内容。Revit 2013 中一共有 6 个项目样板，分别用于构造（建造过程）、建筑、结构和机械（机电安装）。

2）建立新项目

在 Revit 中建立新项目，可以采取三种方式：

（1）在图 3-29 中单击"构造样板"、"建筑样板"、"结构样板"和"机械样板"中的任意一个，就可以建立相应专业的项目文件。

（2）单击应用程序菜单，将鼠标移动到"新建"菜单上，稍停一会儿，打开级联菜单，如图 3-30 所示。单击级联菜单中的"项目"。

（3）在图 3-30 中单击"新建…"按钮。

第（2）种和第（3）种新建项目的方法，单击相应菜单或按钮后，都会弹出图 3-31 所示的"新建项目"对话框。

图 3-29　项目

图 3-30 应用程序菜单   图 3-31 "新建项目"对话框

单击图 3-32 中的"浏览"按钮,打开"选择样板"对话框,如图 3-32 所示。

图 3-32 "选择样板"对话框   图 3-33 选择样板后的"新建项目"对话框

在图 3-32 的"选择样板"对话框中选择建立新项目的模板文件,然后单击"打开"按钮,则图 3-32 的"选择样板"对话框关闭,显示图 3-33 所示的"新建项目"对话框。单击对话框的"确定"按钮,对话框关闭,软件界面如图 3-34 所示。这样就建立了一个新项目。

图 3-34 用建筑样板建立的项目文件窗口

3.3.2 标高

采用 Revit 建模,首先要绘制模型的标高,否则后期的修改会比较麻烦。Revit 只能在立面视图和剖面视图中绘制标高。

1. 绘制标高

从项目浏览器中双击立面下的"东西南北"之中的任意一个,都可以打开立面视图,本例打开的是南立面,如图 3-35 所示。

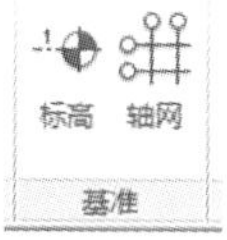

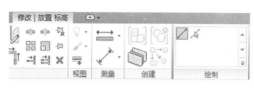

图 3-36 标高按钮

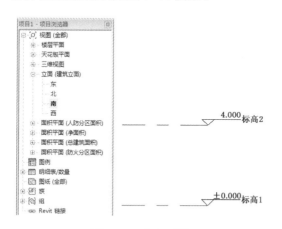

图 3-35 南立面图

图 3-37 "修改|放置标高"上下文关联选项卡

在打开的南立面视图,项目样板中预先设置了标高 1、标高 2,如图 3-35 所示。如果要绘制新的标高,则应单击"常用"选项卡→"基准"面板→"标高"工具,如图 3-36 所示。这时出现图 3-37 所示的"修改|放置标高"上下文关联选项卡。

在绘图区域将光标移动到现有标高左侧标头上方,当出现蓝色虚线时,单击鼠标,开始从左向右绘制标高,当光标移动到标高右侧出现蓝色虚线时,再次单击鼠标,完成绘制,如图 3-38 所示。

2. 编辑标高数值

编辑标高就是对标高的数值进行修改,编辑标高有三种方法。

方法一:直接点击标高数值修改标高。在标高的数值上双击,进入标高数值编辑状态,如图 3-39 所示。

【注意】 此处标高单位为 m。

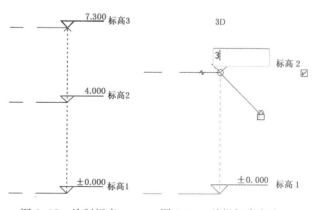

图 3-38 绘制标高   图 3-39 编辑标高方法一

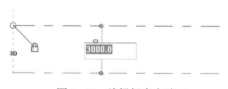

图 3-40 编辑标高方法二

方法二:单击临时尺寸标注上的数字修改标高。单击需要修改标高的标高线,使标高线处于选中状态,然后双击出现的临时标注尺寸线,对标高的数值进行修改,如图 3-40 所示。

【注意】 使用临时尺寸标注修改标高时,单位

图 3-41 编辑标高方法三

为 mm。

方法三：打开标高图元属性修改标高值。单击需要修改标高的标高线，使标高线处于选中状态，然后在属性窗口的"立面"中，对标高的数值进行修改，如图 3-41 所示。

3. 复制／阵列已有标高

单击需要修改标高的标高线，使标高线处于选中状态，这时会"修改|标高"上下文关联选项卡，在"修改"面板下，激活复制或阵列命令（注意选项栏设置），如图 3-42 所示。

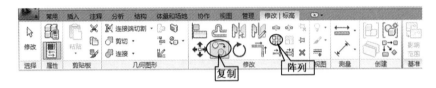

图 3-42 "修改|标高"上下文关联选项卡

1）复制标高

选中现有标高（如标高 2）后，单击"复制"命令，出现复制选项栏，如图 3-43 所示。

在选项栏中勾选"约束"、"多个"复选框，光标回到绘图区域，在标高 2 上单击，并向上移动，此时可直接在键盘上输入新标高与被复制标高间距（如 3 000，单位为 mm），输入后按回车键，即完成一个标高的复制，由于勾选了"多个"复选框，可连续复制，如图 3-44 所示。

图 3-43 复制选项栏

图 3-44 复制标高

【注意】 选项栏中，"约束"可保证正交；"多个"可在一次复制完成后继续执行操作，从而实现多次复制。

2）阵列标高

选择一个现有标高（如标高 2）后，单击"阵列"命令，出现阵列选项栏，如图 3-45 所示。

图 3-45 阵列选项栏

设置选项栏，取消勾选"成组并关联"复选框，输入"项目数"为"4"即生成包含被阵列对象在内的共 4 个标高，如图 3-46 所示。

【注意】 选项栏中，若勾选"成组并关联"，则阵列后的标高将自动成组，需要编辑该组才能调整标高的标头位置、标高高度等属性。

图 3-46　阵列标高　　　　　　　　　　　图 3-47　不同颜色的标高

复制／阵列的标高是参考标高（黑色），未自动生成楼层平面视图，故楼层平面视图需重新创建。

查看"项目浏览器"中的"楼层平面"下的视图，通过复制／阵列方式创建的标高均未生成相应平面视图；同时查看立面图（图 3-47），有对应楼层平面的标高标头为蓝色，没有对应楼层平面的标头为黑色。

依次单击"视图"选项卡→"平面视图"→"楼层平面"，如图 3-48 所示。

在弹出的"新建平面"对话框中拖住鼠标左键选中所有标高，按"确定"按钮，再次观察"项目浏览器"（图 3-49），所有肤质和阵列生成的标高均已创建了相应的平面视图。

图 3-48　新建楼层平面图

图 3-49　新建的楼层平面

4. 调整标高显示

（1）选择任意一根标高线，会显示临时尺寸，一些控制符号和复选框，如图 3-50 所示。可以编辑其尺寸值、单击并拖曳控制符号，还可以整体或单独调整标高标头位置、控制标头隐藏或显示、标头偏移等操作。

（2）选择标高线，单击标头外侧方框，即可关闭／打开轴号显示。

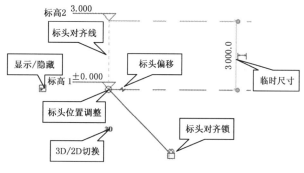

图 3-50　调直标高显示

（3）单击标头附近的折线符号,偏移标头,单击蓝色"拖曳点",按住鼠标不放,调整标头位置。

3.3.3 轴网

1. 绘制轴网

轴网可在任意一个平面视图创建,在其他平面、立面和剖面视图中都将自动显示。

单击"常用"选项卡→"基准"面板→"轴网"工具,移动光标到绘图区域中,单击起点、终点位置,绘制一根轴线。绘制第 1 根纵轴的编号为 1,后续轴号按 2,3,4,…自动排序;绘制第 1 根横向轴线后,单击轴网编号,将其改为"A",后续轴号将按 B,C,D,…自动排序,如图 3-51 所示。

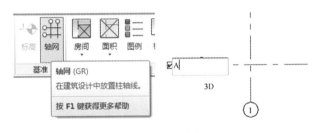

图 3-51　绘制轴线

【**注意**】　软件不能自动排除"I"和"O"字母作为轴网编号,需手动排除。

2. 复制/阵列轴网

（1）选择一根轴线,单击工具栏中的"复制"、"阵列"命令,可以快速生成所需的轴线,轴号自动排序,如图 3-52 所示。

（2）当选择不同命令时,选项栏中会出现不同选项。复制时可勾选"约束"、"多个",从而可连续复制多个轴线。

（3）阵列时,注意取消勾选"成组并关联",因为轴网成组后修改将会相互关联,影响其他轴网的控制。

3. 编辑轴网

轴网各部分的定义如图 3-53 所示。

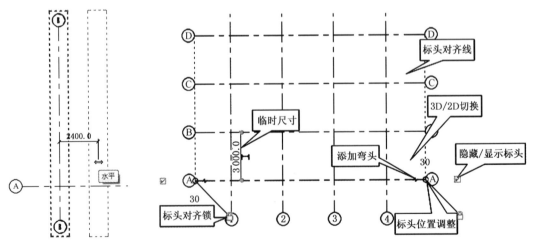

图 3-52　复制/阵列标高

图 3-53　轴网各部分名称

1）标头位置调整

选择任意一根轴线,所有对齐轴线的端点位置会出现一条对齐虚线,用鼠标拖曳轴线端点(空心圆),所有轴线端点同步移动。

(1) 如果只移动单根轴线的端点,则先打开对齐锁定,再拖曳轴线端点。

(2) 如果轴线状态为"3D",则所有平行视图中的轴线端点同步联动;单击切换为"2D",则只改变当前视图的轴线端点位置,如图3-54所示。

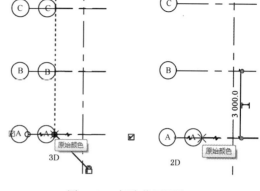

图 3-54　标头位置调整

2) 轴线位置调整

选择任意一根轴线,会出现蓝色的临时尺寸标注,单击尺寸即可修改其值,调整轴线位置,如图3-55所示。

3) 轴号、轴线显示控制

(1) 选择任意一根轴线,单击标头外侧方框☑,即可关闭/打开轴号显示。

(2) 如需控制所有轴号的显示,可选择所有轴线,将自动激活"修改轴网"选型卡,在"属性"面板中选择"编辑类型"命令,弹出"类型属性"对话框(图3-56),在其中可以修改类型属性,如单击平面视图轴线端点默认编号的☑,可打开/关闭轴号显示;单击"非平面视图符号(默认)",其显示状态分别有"顶"、"底"、"两者"、"无",可控制平面视图以外的其他视图,如立面、剖面等视图的轴号。

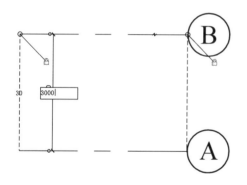

图 3-55　轴线位置调整

图 3-56　修改轴网显示

(3) 在轴网的"类型属性"对话框中设置"轴线中段"的显示方式,分别有"连续、无、自定义"。当设置为"无"方式时,可设置其"轴线末段宽度"、"轴线末段颜色"、"轴线末段填充图案"及"轴线末段长度"的样式;当设置为"连续"方式时,可设置其"轴线末段宽度"、"轴线末段颜色"及"轴线末段填充图案"的样式;当设置为"自定义"方式时,可设置其"轴线中段宽度"、"轴线中段颜色"、"轴线中段填充图案"、"轴线末段宽度"、"轴线末段颜色"、"轴线末段填充图案"及"轴线末段长度"的样式。

4) 轴号偏移

单击标头附近的⌒,单击"拖曳点",按住鼠标不放,调整轴号位置,如图3-57所示。

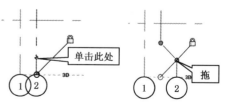

图 3-57　轴号偏移

偏移后若要恢复直线状态,按住"拖曳点"到直线上释放鼠标即可。

【注意】 锁定轴网时要取消偏移,需要选择轴线并取消锁定后,才能移动"拖曳点"。

5) 影响范围

选择"影响范围"命令,可将轴线显示方式应用于选定的视图。

单击"基准"面板中选择"影响范围"命令,弹出"影响基准范围"对话框。选择需要影响的视图,单击"确定",所选视图轴网都会与其做同样调整,如图 3-58 所示。

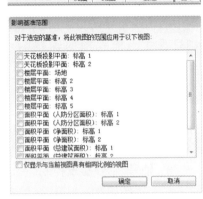

3.4 墙体

3.4.1 一般墙体

1. 绘制墙体

图 3-58 影响范围

单击功能区"常用"选项卡下"构建"面板中的"墙"按钮,进入"修改|放置墙"上下文关联选项卡和墙选项栏,如图 3-59 所示。在选项栏中设置墙高度、定位线、偏移量、链;在属性对话框设置墙体的类型和参数(图 3-60),然后单击"绘制"面板的相应按钮开始绘制。"绘制"面板的常用按钮的功能介绍如下。

(1) 选择直线、矩形、多边形、弧形墙体等绘制方法进行墙体的绘制,在视图中拾取两点,直接绘制墙线,如图 3-61 所示。

图 3-59 绘制墙体

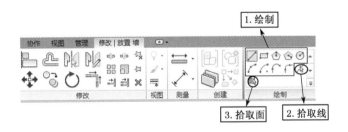

图 3-61 绘制墙

图 3-60 墙体属性对话框

(2) 通过拾取线生成墙体:如果有导入的二维".dwg"平面图作为底图,可以先选择墙类型,设置好墙的高度、定位线等参数后,选择"拾取线"命令,拾取".dwg"平面图的墙线,自动生成 Revit 墙体。

（3）通过拾取面生成墙体：主要应用在体量的面墙生成。

2. 编辑墙体

对墙体进行编辑之前，必须先选中要编辑的墙体。墙体的编辑包括更改墙体类型、更改墙的属性和设置墙的类型参数等操作。

1）更改墙类型

选择墙体，自动激活"修改 墙"选项卡，单击"属性"按钮，弹出墙体"属性"对话框。单击下拉箭头，选择所需的墙体类型，如图 3-62 所示。

2）更改墙的属性

在墙体"属性"对话框中，设置所选择墙体的定位线、高度、基面和顶面的设置和偏移、结构用途等特性，可结合选项栏设置，如图 3-63 所示。

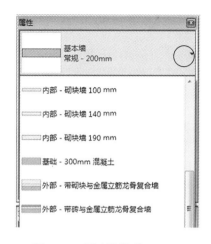

图 3-62　更改墙类型

图 3-63　修改墙体属性

3. 设置墙的类型参数

（1）墙的类型参数可以设置不同类型墙的粗略比例填充样式、墙的结构、材质等，如图 3-64 所示。单击"图形"下面的"粗略比例填充样式"，打开"填充样式"对话框，可以对粗略比例下的截面填充样式进行设定，如图 3-65 所示。

图 3-64　修改墙体的类型属性

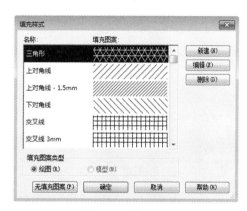

图 3-65　填充样式

单击"构造"栏中"结构"对应的"编辑"按钮,弹出"编辑部件"对话框,如图 3-66 所示。墙体构造层厚度及位置关系(可利用"向上"、"向下"按钮调整)可以由用户自行定义。

【注意】 绘制墙体的定位有核心边界的选项。

(2)尺寸驱动、鼠标拖曳控制柄修改墙体位置、长度、高度、内外墙面等,如图 3-67 所示。

图 3-66 墙体的"编辑部件"对话框

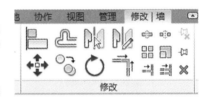

图 3-67 尺寸驱动、鼠标拖曳控制柄

(3)移动、复制、旋转、阵列、镜像、对齐、拆分、修剪、偏移等,所有常规编辑命令同样适用于墙体的编辑。选择墙体,在"修改|墙"选项卡的"修改"面板中选择"编辑"命令,如图 3-68 所示。

(4)编辑立面轮廓。选择墙,自动激活"修改|墙"选项卡,单击"模式"面板下的📖"编辑轮廓"按钮,如在平面视图进行此操作,此时弹出"转到视图"对话框(图 3-69),

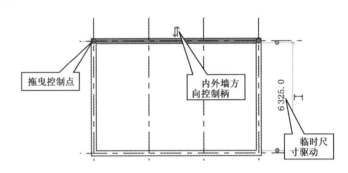

图 3-68 "修改"面板

选择任意立面进行操作,进入绘制轮廓草图模式。在立面上用"线"工具和"修改"面板的工具绘制封闭轮廓(图3-70),单击"✔"按钮可生成任意形状的墙体,如图 3-71 所示。同时,如需一次性还原已编辑过轮廓的墙体,选择墙体,单击"重设轮廓"按钮,即可实现。

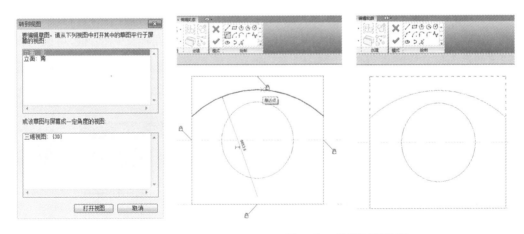

图 3-69 "转到视图"对话框

图 3-70 绘制封闭轮廓

(5)附着/分离。选择墙体,自动激活"修改|墙"选项卡,单击"修改墙"面板下的📎"附着顶部/底部"按钮,然后拾取屋顶、楼板或参照平面,可将墙连接到屋顶、楼板、参照平面上,

墙体形状自动发生变化；单击 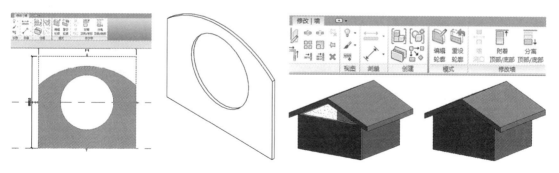 "分离顶部/底部"按钮，可将墙从屋顶、楼板、参照平面上分离开，墙体形状恢复原状，如图 3-72 所示。

图 3-71　编辑后的墙轮廓　　　　　　　图 3-72　附着墙体顶部/底部

3.4.2　复合墙

复合墙的墙体上下厚度完全一致，但是每个墙体构造层次的材料的厚度在不同的标高处不同。如某墙体在 1.8 m 高度以下是瓷砖墙裙，1.8 m 以上是涂料墙面，就可以采用复合墙来建模。

单击"常用"选项卡→"构建"面板→"墙"工具，从类型选择器中选择墙的类型，在"图元属性"中单击"编辑类型"按钮，弹出"类型属性"对话框，再单击"结构"参数后面的"编辑"按钮，弹出"编辑部件"对话框，如图 3-73 所示。

单击"插入"按钮，添加一个构造层，并为其指定功能、材质、厚度，使用"向上"、"向下"按钮调整其上下位置。

单击"修改垂直结构"选项区域的"拆分区域"按钮，将一个构造层拆分为上、下 n 个部分，如图 3-74 所示。

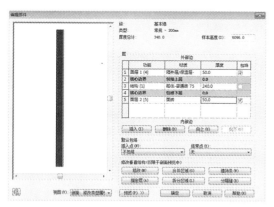

图 3-73　编辑部件对话框

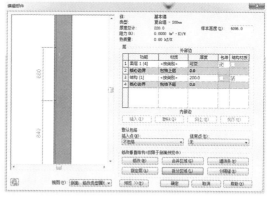

图 3-74　拆分区域

单击"修改"命令，然后单击"视图"中的相应构造层，可以修改构造层的厚度尺寸及调整拆分边界上下位置，原始的构造层厚度值变为"可变"。操作步骤如下。

在"图层"中插入 $n-1$ 个构造层，指定不同的材质，厚度为零。

单击"指定层"按钮，进入指定层状态。先在图 3-75 右侧选择一个层，然后单击一个区

域,就把右侧的层指定给了左边的图形。重复上述步骤,将所有层和图形指定。再次单击
"指定层"按钮,取消指定层状态,如图 3-76 所示。

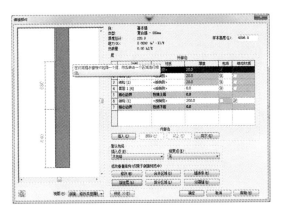

图 3-75　指定层　　　　　　　　　　图 3-76　取消指定层状态

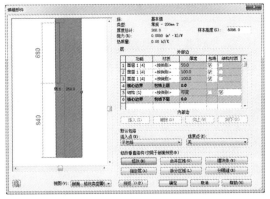

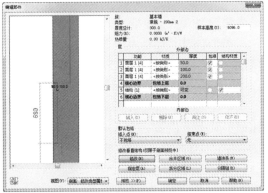

图 3-77　修改构造层的厚度

修改构造层的厚度。单击"修改"按钮,进入构造层厚度修改状态。单击要修改厚度的构造层,出现临时标注尺寸线,修改临时标注尺寸,对构造层厚度进行修改,如图 3-77 所示。

【注意】 修改构造层的厚度只能在左侧的视图状态下进行。

修改完构造层厚度,再次单击"修改"按钮,退出修改状态。

设置不同高度的材质。层表格中的材质下面,单击按钮对层的材质进行修改,如图 3-78 所示。给不同的层赋予不同的材质。

单击"确定",退出复合墙设计对话框,在平面图中绘制墙体,到三维图中观察,如图 3-79 所示。墙体

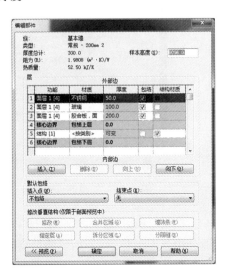

图 3-78　修改材质

的剖面如图 3-80 所示。

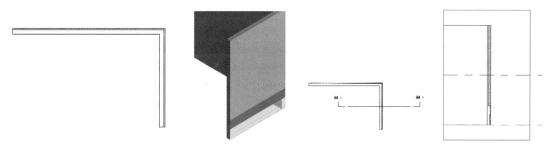

图 3-79　完成的复合墙　　　　　图 3-80　复合墙剖面

3.4.3　叠层墙

叠层墙是一种由若干个不同子墙（基本墙类型）相互堆叠在一起而组成的主墙，可以在不同的高度定义不同的墙厚、复合层和材质，如图 3-81 所示。

单击"常用"选项卡→"构建"面板→"墙"工具，从类型选择器中选择"叠层墙：外部-带砌块与金属立筋龙骨复合墙"类型，在"图元属性"中单击"编辑类型"按钮，弹出"类型属性"对话框，再单击"结构"参数后面的"编辑"按钮，弹出"编辑部件"对话框，如图 3-82 所示。

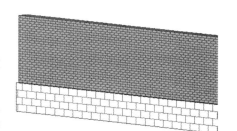

图 3-81　叠层墙

3.4.4　异型墙

所谓异型墙体，就是不能直接应用绘制墙体命令生成的造型特异的墙体，如倾斜墙、扭曲墙等。这类墙体在 Revit 中可以采用体量来生成墙体或者用内建族的方法生成墙体。一般而言，通过体量生成墙体可以绘制某些复杂形状的墙。

1. 体量生成面墙

（1）选择"体量和场地"选项卡，在"概念体量"面板上单击"内建体量"或"放置体量"工具，创建所需体量。也可以在应用程序菜单上单击"新建"→"概念体量"，在打开的体量中，完成体量模型后，把模型载入到项目中使用。使用"放置体量"工具创建斜墙，如图 3-83 所示。

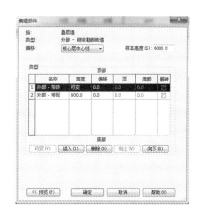

图 3-82　叠层墙设计

（2）单击"放置体量"工具，如果项目中没有"现有体量族"，可从库中载入"现有体量族"，在"放置"面板上确定体量的放置面，"放置在面上"项目中至少有一个构件，需要拾取构件的任意"面"放置体量，"放置在工作平面上"命令实现放置在任意平面或工作平面上，如图 3-84 所示。

图 3-83　放置体量　　　　图 3-84　设置放置体量的位置

（3）放置好体量，单击"面模型"面板上"墙"工具，自动激活"放置 墙"选项卡，如图 3-85 所示。设置所放置墙体的基本属性，选择墙体类型、墙体属性的设置、放置标高、定位线等。

移动鼠标到体量任意面单击，确定放置。

（4）单击"概念体量"面板 显示体量 按钮，控制体量的显示与关闭，如图 3-86 所示。

图 3-85　创建墙体

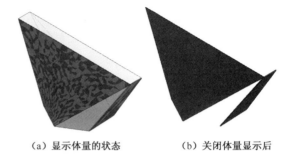

（a）显示体量的状态　　（b）关闭体量显示后

图 3-86　体量模型的显示与关闭

2. 内建族创建异型墙

单击"常用"选项卡→"构建"面板，在"构件"下拉菜单中选择"内建模型"命令（图 3-87），在弹出的"族类别和族参数"对话框中选择"墙"选项，单击确定，如图 3-88 所示。

如图 3-88 所示窗口关闭后，弹出内建模型名称对话框，如图 3-89 所示，在对话框中填写所建墙体的名称，单击确定。

图 3-87　内建模型命令

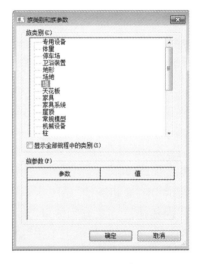

图 3-88　族类别和族参数对话框

图 3-89　内建模型名称对话框

功能区显示图 3-90 所示的工具栏。使用"形状"面板下"实心"、"空心"下拉菜单的"拉伸"、"融合"、"旋转"、"放样"、"放样融合"命令来创建异型墙体。下面以"融合"命令实现异型墙体创建为例进行说明。

图 3-90　内建模型工具栏

单击图 3-90 中的"融合"按钮,在工作区绘制"底面轮廓",本例为椭圆。之后,单击"编辑顶部"按钮,在工作区绘制"顶面轮廓",本例为矩形(图 3-91)。绘制完成后单击模式里面的 ✓,在属性对话框中设置墙体的高度,如图 3-91 所示,然后单击"完成模型"。

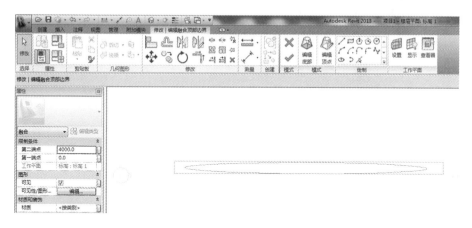

图 3-91　创建模型

单击图 3-91 中属性对话框"材质"后面的编辑按钮,可以给此墙族添加相应参数,如材质(此墙体没有构造层可设置,只是单一的材质)、尺寸等。

3.4.5　幕墙

在 Revit 中,幕墙也是墙体的一种,绘制幕墙的命令在"墙"按钮下;如图 3-92 所示,单击"墙:建筑"之后,在属性框的下拉按钮下(图 3-93)幕墙默认有三种类型:店面、外部玻璃、幕墙。

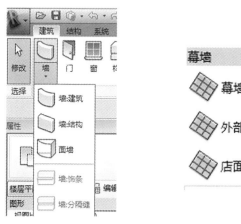

图 3-92　绘制墙体

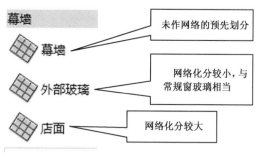

图 3-93　幕墙类型

1. 幕墙组成

幕墙为一种外墙,附着到建筑结构,而且不承担楼板或屋顶荷载。Revit 中的幕墙由竖梃、嵌板组成。需要注意的是,在 Revit 中,水平向的分格框,也叫竖梃,而且名字比较特别,叫"水平竖梃"。幕墙的竖梃样式、网络分割形式、嵌板样式及定位关系皆可修改。幕墙和普通墙体可以互相嵌入。幕墙形式见图 3-94。

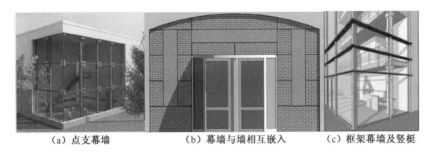

（a）点支幕墙　　　　　（b）幕墙与墙相互嵌入　　　（c）框架幕墙及竖梃

图 3-94　幕墙形式

2. 绘制幕墙

单击"常用"选项卡→"构建"面板→"墙"工具，在"图元属性"中，从"类型选择器"下拉菜单中选择一种幕墙类型，用创建普通墙的方式绘制幕墙，如图 3-95 所示。

3. 图元属性修改

选择幕墙，自动激活"修改｜墙"选项卡，单击"图元属性"中"编辑类型"按钮，弹出"类型属性"对话框，可编辑幕墙的实例和类型参数，如图 3-96 所示。

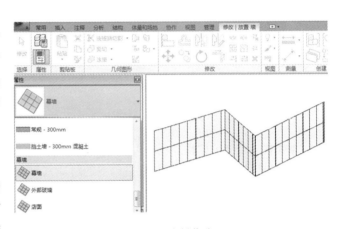

图 3-95　绘制幕墙

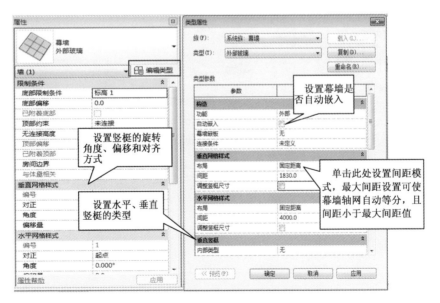

图 3-96　图元属性修改

也可手动调整幕墙网格间距，选择幕墙网格（按【Tab】键切换选择），单击开锁标记即可修改网格临时尺寸，如图 3-97 所示。

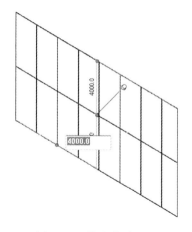

图 3-97 修改幕墙网格

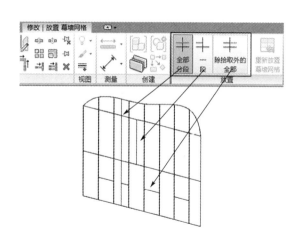

图 3-98 编辑幕墙轮廓

4. 编辑立面轮廓

选择幕墙,自动激活"修改|墙"选项卡,单击"模式"面板下的"编辑轮廓"命令,即可像基本墙一样任意编辑其立面轮廓。

5. 幕墙网格与竖梃

1) 添加幕墙网格

单击"常用"选项卡→"构建"面板→"幕墙网格"工具,激活"修改|放置 幕墙网格"选项卡,可以整体分割和局部细分幕墙嵌板,如图 3-98 所示。

全部分段:单击添加整条网格线。

一段:单击添加一段网格线细分嵌板。

除拾取外的全部:单击,先添加一条红色的整条网络线,再单击某段(变为红色虚线),删除,其余的嵌板添加网格线。

2) 创建竖梃

单击"常用"选项卡→"构建"面板→"竖梃"工具,在"属性"中选择竖梃类型,设置竖梃的相应属性(图 3-99),选择合适的创建命令拾取网格线添加竖梃,如图 3-100 所示。

图 3-99 设置竖梃属性

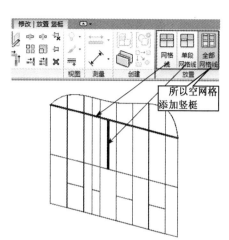

图 3-100 创建竖梃

6. 替换门窗

（1）选择需要替换为门窗的幕墙嵌板（将鼠标放在要替换的幕墙嵌板边缘，使用【Tab】键切换选择至幕墙嵌板）。

（2）在"图元属性"中，单击"编辑类型"按钮，弹出嵌板的"类型属性"对话框（图3-101），可在"族"下拉列表中直接替换现有幕墙门或窗，若没有，可单击"载入"按钮从库中载入，如图3-102所示。

在图3-102中必须使用带有"幕墙"字样的门窗族来替换，此类门窗族是使用幕墙嵌板的族样板来制作的，与常规门窗族不同。

图 3-101　替换嵌板

完成门窗插入的幕墙如图3-103所示。

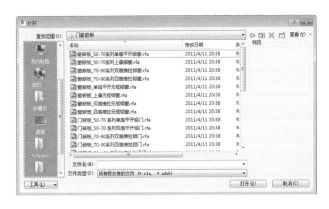

图 3-102　载入门窗族

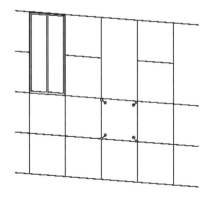

图 3-103　完成门窗插入

7. 嵌入墙

当幕墙类型属性对话框中"自动嵌入"为勾选状态时，基本墙和幕墙可以相互嵌入，如图3-104所示。

（1）用墙命令在墙体中绘制幕墙，幕墙会自动剪切墙，像插入门窗一样。

（2）选择幕墙嵌板，从类型选择器中选择基本墙类型，可将幕墙嵌板替换成基本墙。

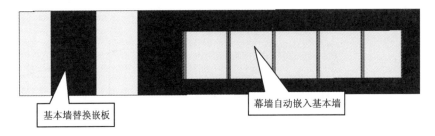

图 3-104　幕墙和墙体的互相嵌入

8. 幕墙系统

幕墙系统是一种构件，由嵌板、幕墙网格和竖梃组成。通过选择体量图元面，可以创建幕墙系统。在创建幕墙系统之后,可以使用与幕墙相同的方法添加幕墙网格和竖梃。

　　绘制异型幕墙,单击"常用"选项卡→"构建"面板→"幕墙系统"命令,拾取体量或常规模型的面可创建幕墙系统,然后用"幕墙网格"细分后添加竖梃,如图 3-105 所示。

　　【注意】　拾取常规模型的面生成幕墙系统,指的是内建族中的族类别为常规模型的内建模型,其创建方法为:单击"构建"面板→"构件"下拉菜单→"内建模型",设置族类别"常规模型",即创建模型。

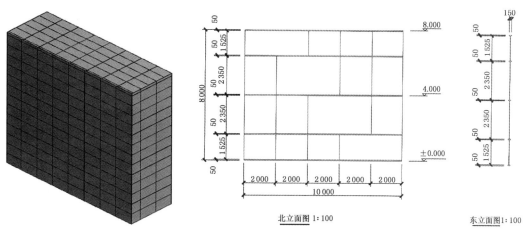

图 3-105　幕墙系统　　　　　　　　　　　图 3-106　幕墙习题

练习题

根据图 3-106 给定的北立面图和东立面图,创建玻璃幕墙及其水平竖梃模型。

3.5　门窗

3.5.1　插入门(窗)

　　单击"常用"选项卡→"构建"面板→"门"(或"窗")工具,在类型选择中选择所需的门、窗类型,如图 3-107 所示。

3.5.2　载入其他门(窗)类型

　　如果在门窗属性对话框的类型选项中没有所要的门窗类型,则可以载入磁盘上的门窗族。单击"修改|放置门"选项卡,在"模式"面板→"载入族"工具(图 3-108),然后定位到族文件(图 3-109),单击"打开",即可将磁盘上的族文件载入到项目中。

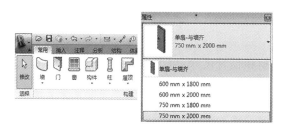

图 3-107　构建面板及类型选择

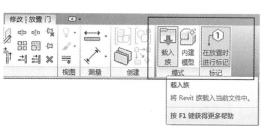

图 3-108　载入门窗族

图 3-109　定位到族文件

3.5.3　编辑门窗

编辑门窗包括创建新的门窗类型和更改门窗的开启方向。

1. 创建新的门窗类型

单击构建面板的"门"或者"窗",进入"修改|门(窗)"选项卡,在"属性"对话框中,单击"编辑类型"按钮,弹出"类型属性"对话框,然后单击"复制"按钮创建新的门窗类型,修改门窗的高度、宽度、窗台高度、框架、玻璃材质等参数,然后单击"确定",如图 3-110 所示。

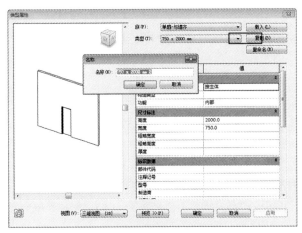

图 3-110　创建新的门窗类型

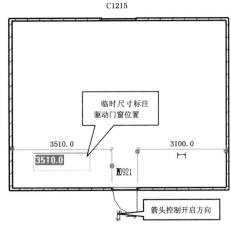

图 3-111　更改门窗开启方向

2. 更改门窗开启方向

在平面视图,选择门窗后,出现开启方向控制和临时尺寸,单击改变开启方向和位置尺寸,如图 3-111 所示。

【注意】　插入门窗时,只需在大致位置插入,通过修改临时尺寸标注或尺寸标注来精确定位。

3. 门窗标记位置调整

单独选择标记,用鼠标拖曳(必要时按【Tab】键切换选择对象)门窗标记来调整位置,如

图 3-112 所示。

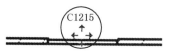

图 3-112　门窗标记位置调整

3.6　楼板

3.6.1　创建楼板

单击"常用"选项卡→"构建"面板→"楼板"按钮,如图 3-113 所示。Revit 中的楼板分为"楼板:建筑"、"楼板:结构"、"面楼板"、"楼板:楼板边"。

单击"楼板:建筑",进入建筑楼板绘制轮廓草图模式。此时自动跳转到"创建楼层边界"选项卡,如图 3-114 所示。

图 3-113　楼板命令

1. 拾取墙与绘制生成楼板

在楼板下的墙体已经绘制完成的情况下,单击"绘制"面板下的"拾取墙"命令,在选项栏中指定楼板边缘相对于所选墙线的偏移量;同时勾选"延伸到墙中(至核心层)"复选框,拾取墙时将拾取到有涂层和构造层的复合墙体的核心边界位置。

图 3-114　"修改|创建楼层边界"上下文关联选项卡

使用【Tab】键切换选择,可一次选中所有外墙,单击生成楼板边界。如出现交叉线条,使用"修剪"命令编辑成封闭楼板轮廓,或者单击"线"按钮,用线绘制工具绘制封闭楼板轮廓。完成草图后,单击"完成楼板"按钮创建楼板。这时会弹出如图 3-115 所示提示对话框。

在提示对话框中,单击"是"按钮,将高达此楼层标高的墙附着到此楼层的底部。

【注意】　不同结构形式建筑的楼板加入法:框架结构楼板一般至外墙边;砖混结构为墙中心线;剪力墙结构为墙内边。

绘制楼板可以生成任意形状的楼板,中间开洞,如图 3-116 所示。拾取墙生成的楼板会与墙体发生约束关系,即墙体移动楼板会随之发生相应变化。

图 3-115　提示对话框　　　　图 3-116　楼板开洞

2. 斜楼板的绘制

斜楼板就是楼板上有单向坡度的楼板,斜楼板的绘制包括坡度箭头和轮廓线。

（1）坡度箭头：在绘制楼板草图时，用 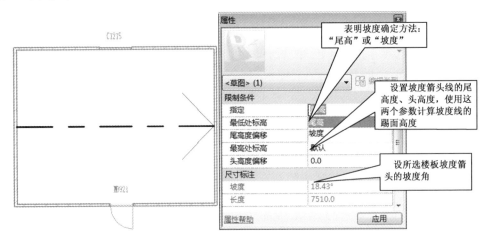 坡度箭头 命令绘制坡度箭头。选择坡度箭头，在"属性"对话框中，设置"尾高度偏移"或"坡度"值，然后确定完成绘制，如图 3-117 所示。

图 3-117　坡度箭头

（2）轮廓线：绘制楼板轮廓线，选择轮廓线，在"属性"对话框中，设置"相对基准的偏移"属性，然后确定完成绘制。

3.6.2　编辑楼板

编辑楼板包括楼板属性修改、编辑楼板边界、处理楼板与墙的关系及复制楼板。

1. 楼板属性修改

修改已经绘制完成的楼板的属性，应该先选择楼板，选择楼板后自动激活"修改 | 楼板"选项卡，在"属性"对话框中，单击"编辑类型"按钮，弹出"类型属性"对话框，如图 3-118 所示，可以编辑楼板的类型参数，也可以创建新的楼板类型，如大理石、地砖、木地板楼面等；单击"结构"参数后面的"编辑"按钮，弹出"编辑部件"对话框，可设置楼板构造层，如图 3-119 所示。

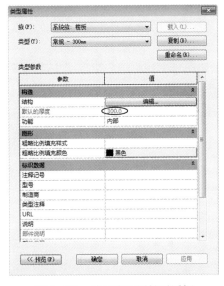

图 3-118　楼板类型属性对话框

图 3-119　编辑楼板构造

2. 编辑楼板边界

选择楼板,单击"模式"面板下的"编辑边界"按钮,进入绘制楼板轮廓草图模式,对楼板边界进行修改。如果绘制楼板洞口,也可采用以下方式:

(1) 在创建楼板上在楼板轮廓以内直接绘制洞口闭合轮廓,完成绘制,如图 3-120 所示。

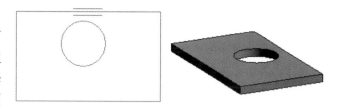

图 3-120　绘制楼板洞口轮廓

(2) 单击"常用"选项卡→"洞口"面板→选择适宜的洞口命令,然后在选择的楼板上绘制封闭轮廓创建洞口,如图 3-121 所示。

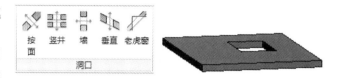

图 3-121　采用"洞口"命令开洞

3. 处理剖面图楼板与墙的关系

在 Revit 中直接生成剖面图时,楼板与墙会有空隙,先画楼板后画墙可以避免此问题。也可以利用"修改|楼板"选项卡中"几何图形"面板下的  连接(连接几何图形)按钮来连接楼板和墙。

4. 复制楼板

选择楼板,自动激活"修改|楼板"选项卡,单击"剪贴板"面板下的"复制"按钮,复制到剪贴板,单击"修改"选项卡中"剪贴板"面板下的"粘贴→与选定的标高对齐"按钮,选择目标标高名称,单击确定,则楼板自动复制到所有楼层,如图 3-122 所示。

选择复制的楼板,然后在选项栏上单击"编辑",再单击"完成绘制"按钮,即可弹出一个对话框,提示从墙中剪切与楼板重叠的部分。

图 3-122　复制楼板

3.6.3　楼板边缘

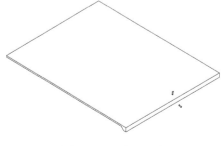

图 3-123　楼板边缘

"楼板边缘"命令用于构建楼板水平边缘的形状。单击"常用"选项卡→"构建"面板→"楼板"下拉按钮。显示的最下面一项就是楼板边缘。单击"楼板边缘"命令,然后再单击楼层边、楼板边或模型线添加楼板边缘,如图 3-123 所示。

在图 3-124 所示的属性对话框中单击"编辑类型",则弹出类型属性对话框,在此对话框中,可以更改楼板边缘的轮廓,如图 3-125 所示。

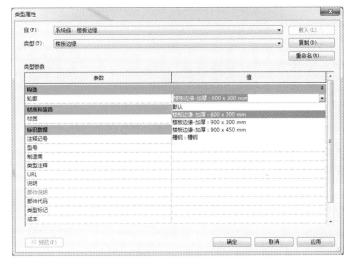

图 3-124　楼板边缘属性　　　　　　图 3-125　更改楼板边缘轮廓

选择添加的楼板边缘,在"属性"对话框中修改"垂直轮廓偏移"与"水平轮廓偏移"等数值,单击"编辑类型"按钮,在弹出的"类型属性"对话框中修改楼板边缘的"轮廓",如图 3-126 所示。

3.7　屋顶

在 Revit 软件中,屋顶的建模方式有三种,即迹线屋顶、拉伸屋顶和面屋顶。迹线屋顶可以创建坡屋顶和平屋顶,拉伸屋顶可以创建截面形状为折线、曲线等不规则形状的屋顶,面屋顶是配合概念体量设计创建屋顶的。此外,在"屋顶"下拉按钮下还有"屋檐:底板"、"屋顶:封檐带"和"屋顶:檐槽"。单击建筑选项卡,显示屋顶按钮,即可选择创建的屋顶类型,如图 3-127 所示。

3.7.1　迹线屋顶

1. 迹线屋顶的创建

采用迹线屋顶可以创建建筑的平屋顶和坡屋顶。如可以创建如图 3-128 所示的坡屋面。

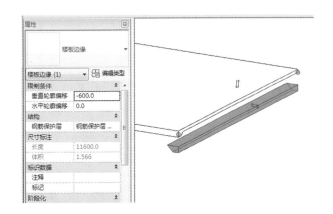

图 3-126　修改垂直轮廓偏移　　　　图 3-127　屋顶按钮的下拉菜单

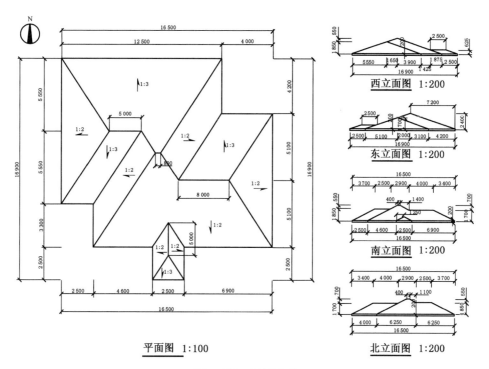

图 3-128　示例屋面

在图 3-127 中，单击"迹线屋顶"按钮，即可进入迹线屋顶绘制状态，这时出现"修改|创建屋顶边线"上下文关联选项卡，如图 3-129 所示。

图 3-129　修改|创建屋顶边线

如图 3-130 所示的界面中，单击绘制面板中的直线，绘制屋面的边界。为便于绘制，应提前计算好每段屋面边界的长度，这样绘制速度很快。但是要注意，考试时不要把计算的边界值标在试卷上。图 3-128 中左上角顺时针各段的边长分别为 12 500，4 200，4 200，10 200，6 900，2 500，2 500，2 500，4 600，3 300，2 500，11 100。在绘图区依次绘制上述线段，可以提高速度。绘制过程如图 3-130 所示。绘制完成的屋面迹线如图 3-131 所示。

图 3-130　绘制过程

绘制完毕后，修改屋面坡度。选中需要修改坡度的屋面边线，在坡度值上单击，输入比值 1∶3(注意，"∶"必须用英文字符输入，否则会报错)，坡度值修改完毕，见图 3-132、图 3-133。

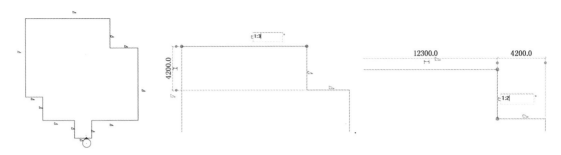

图 3-131　完成的屋顶边线　　　图 3-132　修改屋顶坡度　　　图 3-133　修改屋顶坡度

依次将坡度值修改完毕后,单击✓,完成屋面绘制,如图 3-134 所示。

为了达到图 3-128 的效果,需要修改视图样板中的视图范围。单击工作区的空白处,这时属性对话框显示楼层平面,如图 3-135 所示。单击"视图样板",弹出"应用视图样板"对话框,如图 3-136 所示。在对话框的左边,单击"楼层平面",在右侧"视图范围"的"编辑…"按钮上单击,在弹出的对话框(图 3-137)中,将"顶"后面的偏移量修改为 4 000 mm。多次单击"确定"按钮,关闭对话框,完成的屋顶如图 3-138 所示。

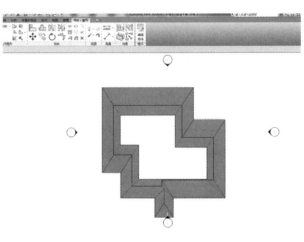

图 3-134　屋顶绘制完成

图 3-135　"属性:楼层平面"对话框

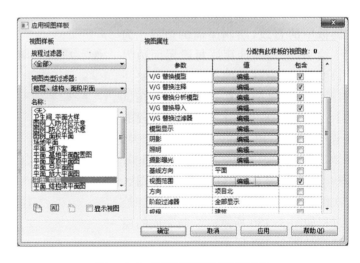

图 3-136　"应用视图样板"对话框

修改屋顶的类型,把屋面类型修改为"常规-200 mm"。选中屋顶,单击属性对话框的"编辑类型",弹出"类型属性"对话框,如图 3-139 所示。单击"复制…"弹出对话框,如图

图 3-137　视图范围

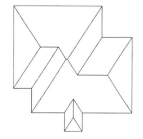

图 3-138　完成的屋顶

3-140 所示。将名称修改为"常规-200mm"，单击"确定"，在图 3-141 中单击"编辑…"，打开对话框，如图 3-142 所示。结构[1]的厚度 400 修改为 200，然后依次单击"确定"按钮，关闭所有对话框。

图 3-139　类型属性

图 3-140　复制类型

图 3-141　完成复制

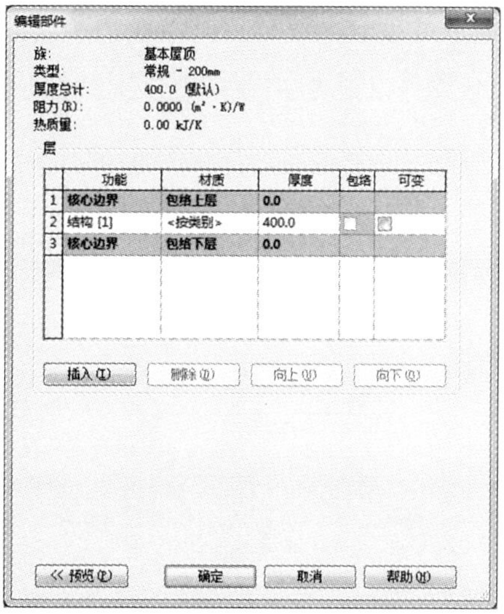

图 3-142　修改结构[1]的厚度

在三维视图的"前视图"界面下,绘制后的屋面如图
3-143 所示。

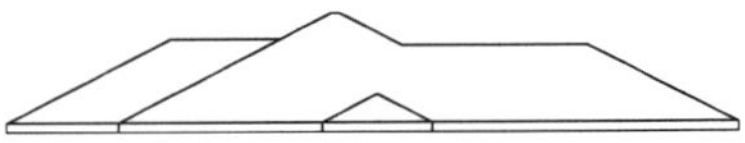

图 3-143　南立面

2. 标注坡度箭头

单击"注释"选项卡,"尺寸标注"面板中的"高程点坡
度"(图 3-144)。在"属性"窗口(图 3-145)单击"编辑类型",弹出如图 3-146 所示对话框。

图 3-144

图 3-145　属性对话框

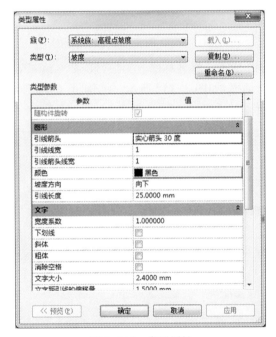

图 3-146　类型属性

向下滚动对话框,找到"单位格式"(图 3-147),单击其右侧的按钮,弹出对话框如图
3-148 所示。在对话框内,将单位设置为"1:比",单位符号设置为"1:"。依次单击"确定"按
钮,关闭所有对话框。在屋面上绘制箭头,如图 3-149 所示。

取消坡度。迹线屋顶可以取消迹线的坡度,如图 3-150 所示,单击需要取消坡度的屋面
边线,在图 3-151 所示的选项栏中,取消"定义屋面坡度"复选框。单击"√",完成后的屋面
如图 3-152 所示。

图 3-147　属性对话框

图 3-148　设置格式

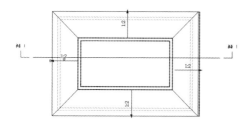

图 3-149　完成箭头绘制的屋面

图 3-150　单击取消坡度的屋面边线

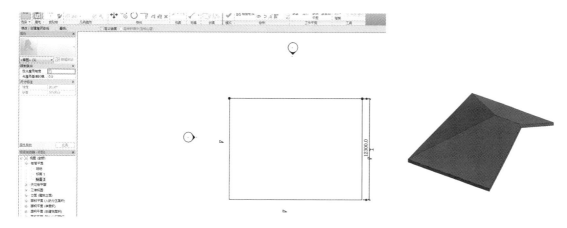

图 3-151　取消"定义坡度"复选框

图 3-152　完成后的屋面

3.7.2　拉伸屋顶

对于如图 3-153 所示的横截面为规则断面的屋顶,可以采用 Revit 中的拉伸屋顶来完成屋顶的创建。下面以圆拱形屋面为例说明拉伸屋顶的创建方法。

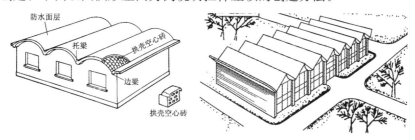

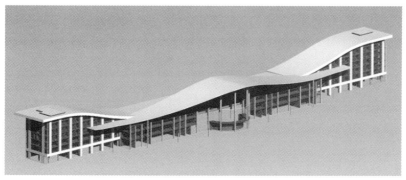

图 3-153　横截面为规则形状的屋顶

首先,新建一个项目,在标高 1 和标高 2 之间绘制封闭的四面墙体。之后,如图 3-154 所示,单击"拉伸屋顶"按钮,这时,会弹出如图 3-155 所示的设置"工作平面"对话框,单击"拾取一个平面"后单击"确定"按钮,之后单击"轴线 A",弹出如图 3-156 所示的"转到视图"对话框,单击"立面:南",单击"打开视图"按钮。如果是在标高 1 上进行上述操作,还会弹出如图 3-157 所示的"屋顶参照标高和偏移"对话框,设置好标高和偏移后,单击"确定",进入如图 3-158 所示的绘图状态。

图 3-154　拉伸屋顶命令

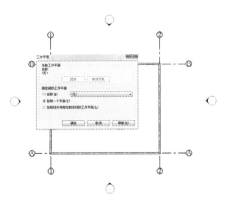

图 3-155　设置工作平面(一)

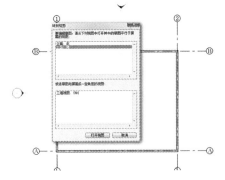

图 3-156　设置工作平面图(二)

图 3-157　设置屋顶参照标高和偏移

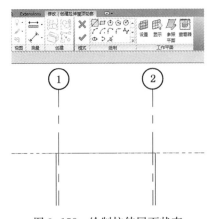

图 3-158　绘制拉伸屋面状态

为了绘制圆拱,必须首先绘制参照平面,以定位圆心和半径。在图 3-158 中,单击"工作平面"面板上的"参照平面"按钮,进入绘制参照平面状态,如图 3-159 所示。在①轴右侧绘制竖向参照平面,设置参照平面距离①轴 2 500 mm,如图 3-160 所示。

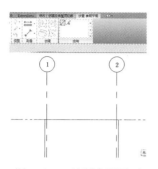

图 3-159　绘制参照平面

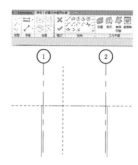

图 3-160　绘制完成的参照平面

单击"绘制"面板的三点(圆心、起点、终点)绘制圆弧命令,如图 3-161 所示,分别单击圆心、起点和终点,绘制半圆弧,如图 3-162 所示。单击图 3-163 中的✔,完成绘制,如图 3-164 所示。

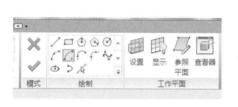

图 3-161　三点绘制圆弧

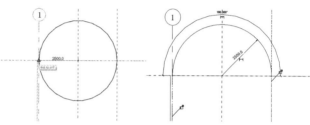

图 3-162　绘制圆弧

图 3-163　完成绘制

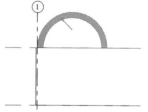

图 3-164　完成绘制的拉伸屋面

其余部分的屋面,采用复制命令来完成。单击已绘制完成的屋面,这时出现如图 3-165 所示的"修改|屋顶"上下文关联选项卡,单击界面中的"复制"按钮。然后单击圆拱屋面的左下角点,再单击圆拱屋面的右下角点,完成圆拱的复制,如图 3-166 所示。

图 3-165　"修改|屋顶"上下文关联选项卡

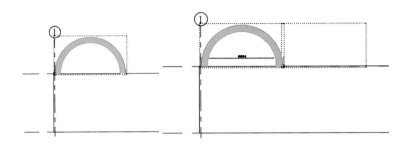

图 3-166 复制屋面

用同样方法完成另外一个圆拱的复制,完成后如图 3-167 所示。

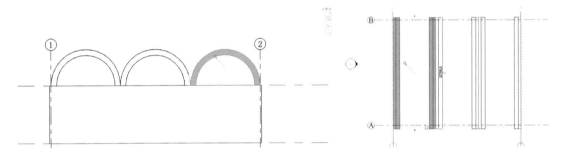

图 3-167 完成后的屋面   图 3-168 调整拉伸起点和终点

调整拉伸起点和终点。转到楼层平面视图,单击选中圆拱屋面,调整临时标注尺寸或者拉伸屋面两端的夹点,可以调整拉伸屋面的长度,如图3-168所示。

转到三维视图,如图 3-169 所示。

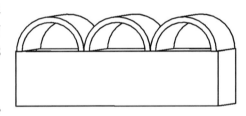

图 3-169 拉伸屋面三维视图

附着墙体和屋面。选中墙体,出现"修改|墙"上下文关联选项卡(图 3-170),单击"附着顶部/底部",然后单击屋顶,墙体就附着在屋顶上。同理选择对面的墙体,将墙体附着在屋面上。完成后的模型如图 3-171 所示。

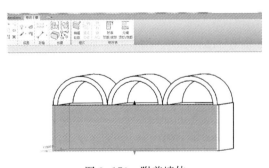

图 3-170 附着墙体

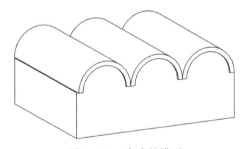

图 3-171 完成的模型

3.7.3 面屋顶

根据图 3-172 中给定的投影尺寸,创建形体体量模型并生成面屋顶。

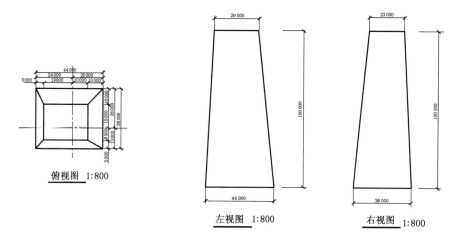

图 3-172　投影尺寸

3.7.3.1　创建体量

单击应用程序菜单,移动鼠标到新建后的下拉菜单条,单击"概念体量",弹出"选择样板文件"对话框,单击其中的"公制体量.rft",单击"打开"按钮,如图 3-173 所示。这时进入体量绘制,如图 3-174 所示。

图 3-173　创建体量

图 3-174　绘制体量

进行体量建模,首先要设置好标高,和项目建模一样,体量建模的标高也只能在立面中设置。单击项目浏览器的"立面",双击"南",进入南立面视图,如图 3-175 所示。

图 3-175　南立面视图

单击"基准"面板的"标高",在工作区绘制标高线,并修改临时标注尺寸线为 100 000,如图 3-176 所示。

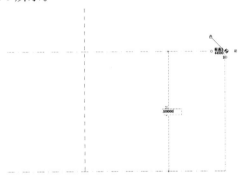

图 3-176　绘制标高

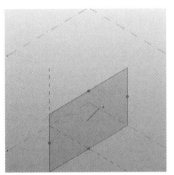

图 3-177　进入三维视图

标高绘制完成后,进入三维视图,并选中三维视图中的一个基准参照平面,如图 3-177 所示。单击中间的锁定标记 ，让它成为解锁状态,如图 3-178 所示。用鼠标左键单击并按住参照平面顶部的 ，向上拖动,使参照平面的顶部超过绘制的参照平面标高,如图 3-178 所示。

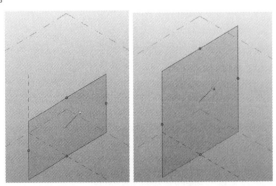

图 3-178　解锁参照平面调整高度

图 3-179　重新锁定参照平面

　　为了精确绘制体量顶面和底面的矩形,需要设置参照平面,双击项目浏览器中的"标高 1"→"楼层平面",再单击图 3-180 绘制面板上的"平面",绘制 4 个参照平面,调直参照平面与原点的距离,使其符合图 3-172 底面的要求,再绘制底面矩形;然后根据绘制模式双击项目浏览器中的"标高 2"→"楼层平面",用上述方法绘制顶面矩形。绘制完成后如图 3-181 所示。

　　单击快速访问工具栏 ,进入三维视图界面,如图 3-182 所示。

图 3-180　绘制面板

　　单击体量底面的矩形,选中并按住 Ctrl 键,用鼠标左键单击顶面的"矩形",把 2 个矩形同时选中,如图 3-183 所示。单击选项卡的"创建形状"按钮(图 3-184),创建实心形状,完成的体量如图 3-185 所示。

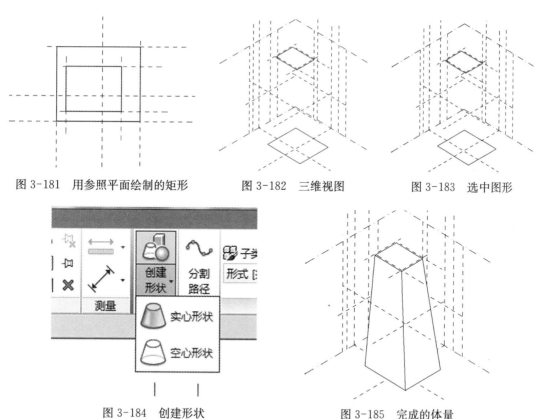

图 3-181　用参照平面绘制的矩形　　图 3-182　三维视图　　图 3-183　选中图形

图 3-184　创建形状

图 3-185　完成的体量

3.7.3.2　创建面屋顶

　　单击应用程序菜单,创建一个基于建筑样板的新项目(图 3-186),并把这个项目的默认窗口最小化,在体量模型的任何一个窗口中,单击"载入到项目中",则把体量载入到项目中,转到三维视图界面,如图 3-187 所示。

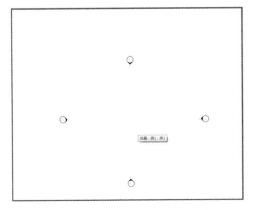

图 3-186　新建一个基于建筑样板的新项目

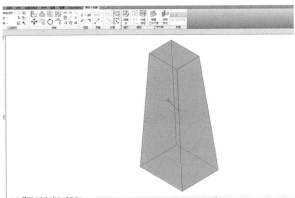

图 3-187　载入的体量

单击"建筑"→"屋顶"→"面屋顶"或者单击"体量与场地"选项卡下的"屋顶",则进入面屋顶绘制状态,如图 3-188 所示。在左侧属性对话框中设置好屋顶的类型和参数,如图 3-189 所示,移动鼠标到需要创建屋顶的体量面上,单击鼠标左键,该面就被选中,可以选择多个体量面。选择完成后,单击"修改|放置面屋顶"选项卡下的"创建屋顶"(图 3-190),则在已经选择的体量面上就生成了一个屋顶。

图 3-188　面屋顶绘制

图 3-189　选择面

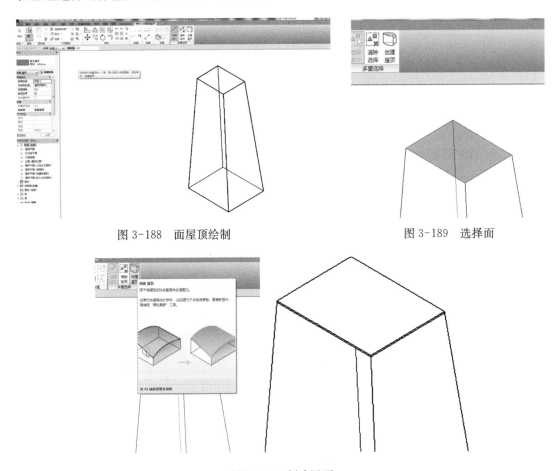

图 3-190　创建屋顶

3.7.4　屋檐底板、封檐带、檐槽

有些坡屋面包括屋檐底板、封檐带、檐槽等附件(图 3-191、图 3-192),这些附件的绘制都要有附着的主体——屋面。当然,有的附件也可以不需要主体,给个标高或者直线也能绘制出来。

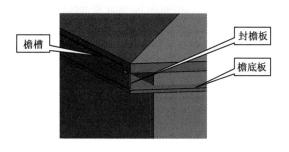
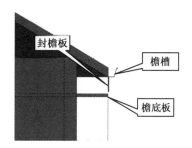

图 3-191　屋檐底板、封檐带、檐槽的建筑位置(一)　图 3-192　屋檐底板、封檐带、檐槽的建筑位置(二)

3.7.4.1　屋檐底板

屋檐底板类似一块楼板,但是它是围绕屋面周边的、中间开了洞的板。下面以一个具体实例进行说明。

新建一个建筑项目,绘制封闭的四面墙,如图 3-193 所示。

双击"标高 2",进入平面视图。然后单击"建筑"选项卡→"构建"面板→"屋顶"→"屋檐:底板",如图 3-194 所示。这时进入"修改|创建屋檐底板边界"上下文关联选项卡,如图 3-195 所示。

这时可以直接绘制屋檐底板,也可以通过拾取墙体或者屋顶来创建。单击图 3-195 中

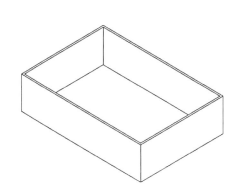

图 3-193　封闭的墙

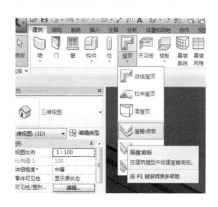

图 3-194　绘制"屋檐:底板"

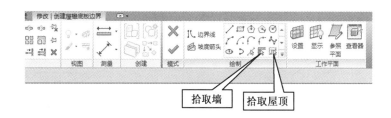

图 3-195　"修改|创建屋檐底板边界"上下文关联选项卡

的"拾取墙",依次单击墙体的外边线,如图 3-196 所示。然后单击矩形,在偏移量中输入 600 mm,单击图 3-196 的左上角点,移动鼠标,到右下角点单击,完成绘制,如图 3-197 所示。单击"模式"下的 ✔,完成绘制,如图 3-198 所示。

3.7.4.2 封檐带

继续前面所述绘制坡屋面实例操作,设置屋面坡度 15°,并修改屋檐底板"自标高的偏移"为一600 mm,如图 3-199 所示。

单击"建筑"选项卡→"构建"面板→"屋顶"→"屋檐:封檐带"(图 3-194),进入"修改 | 放置封檐带"状态,移动鼠标单击屋面的下边线(图 3-200),则安装了封檐带,如图 3-201 所示。同理,可以安装其他面上的封檐带。选中安装完成的封檐带,可以修改它的类型和参数。

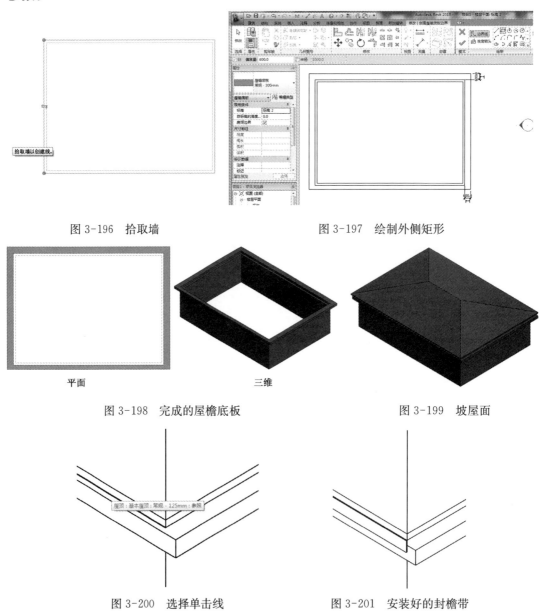

图 3-196　拾取墙　　　　　　　　　　图 3-197　绘制外侧矩形

平面　　　　　　　　　　三维

图 3-198　完成的屋檐底板　　　　　　　图 3-199　坡屋面

图 3-200　选择单击线　　　　　　　图 3-201　安装好的封檐带

3.7.4.3 檐槽

檐槽就是建筑屋面天沟的一种。单击"建筑"选项卡→"构建"面板→"屋顶"→"屋檐:封檐带"(图 3-194),进入"修改|放置封檐带"状态,移动鼠标单击屋面的上边线(图 3-202),则安装好檐槽,如图 3-203 所示。同理,可以安装其他面上的檐槽。选中安装完成的檐槽,可以修改它的类型和参数。

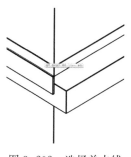
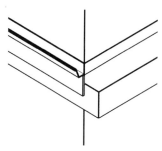

图 3-202 选择单击线　　　　图 3-203 安装好的檐槽

3.8 楼梯

按照给出的楼梯平立面图(图 3-204),创建楼梯模型。

楼梯建模在楼梯坡道面板下,包括按照构件和草图两种绘制方式,如图 3-205 所示。下面介绍常用的按草图方式绘制楼梯。

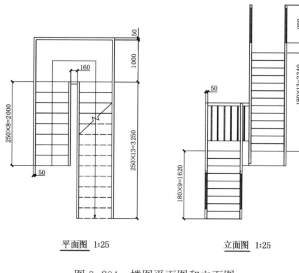
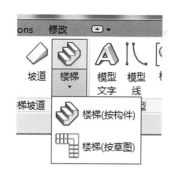

图 3-204 楼图平面图和立面图　　　　图 3-205 楼图绘制

3.8.1 直楼梯

楼梯的平面尺寸一般包括梯段宽、梯井宽、踏步数、休息平台宽、休息平台深度,高程要注意是从几层到几层的,就是注意标高。为了精确定位,一般需要采用参照平面辅助。

1. 绘制高程

这是确保楼梯绘制正确的第一步,这步如果错了,后面的绘制将都不正确。高程就是楼图从一个标高上到另一标高的高度,在图 3-204 中,这个高度是 1 620+2 340=3 960 mm。

新建一个基于建筑样板的项目,保存为"楼梯.rtf"。双击"立面"→"南",将如图 3-206 所示的"标高 2"的标高修改为 3.96 m。

2. 绘制参照平面

楼梯的梯段宽度、梯段长度、休息平台深度、梯井宽度等都需要精确定位,这些精确定位需要使用参照平面。

双击"楼层平面"→"标高 1",定位到标高 1 楼层,在建筑选项卡上,单击工作平面的参照平面(图 3-207),进入参照平面绘制状态。

在本例中,需要绘制控制梯井宽、梯段半宽和梯段长度的参照平面图,因此先绘制竖向的四个参照平面和水平的两个参照平面,如图 3-208 所示。

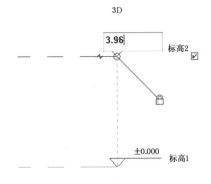

图 3-206　修改标高

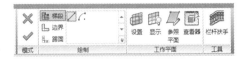

图 3-207　"参照平面"按钮

设置梯井的两个参照平面的间距为图 3-204 中的 160,梯井边到外侧参照平面的距离为 500,如图 3-209 所示。设置两个水平参照平面的距离为 2 000,如图 3-210 所示。

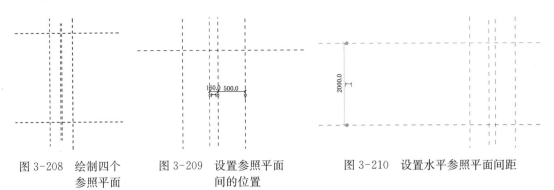

图 3-208　绘制四个　　　图 3-209　设置参照平面　　　图 3-210　设置水平参照平面间距
　　　　　参照平面　　　　　　　　　间的位置

设置完参照平面后,开始绘制楼梯。Revit 中的楼梯可以实现建筑学里面的现浇板式楼梯和装配式梁式楼梯,如图 3-211、图 3-212 所示。

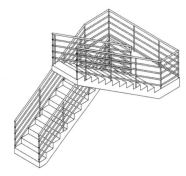

图 3-211　现浇板式楼梯
（Revit 中整体浇筑楼梯）

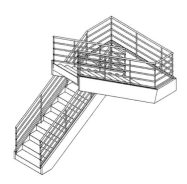

图 3-212　装配式梁式楼梯
（Revit 中工业装配楼梯）

单击"楼梯(按草图)",进入"修改|创建楼梯草图"上下文关联选项卡。这时,单击属性窗口的类型选择,如图 3-213 所示。类型中可供选择的有 5 种,本例的楼梯类型为整体浇筑楼梯,因此,单击整体浇筑楼梯,属性窗口如图 3-214 所示。单击图 3-214 中的"编辑类型",打开整体现浇楼梯的"类型属性"窗口,如图 3-215 所示。

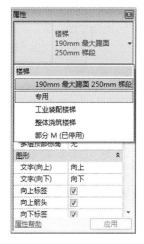

图 3-213　选择楼梯类型

图 3-214　整体浇筑楼梯

图 3-215　楼梯类型属性

在图 3-215 的属性中,必须设置的属性有踏板和踢面,对应的是一个踏步的构造。本例中,最小踏板深度是 250 mm,最大踢面高度为 180 mm。同时,要选中"开始于踢面"和"结束于踢面"两个复选框。踏板厚度和踢面厚度均设为 10 mm,如图 3-216 所示。然后,单击"确定",退出类型属性设置。

在属性对话框中进行设置。将实际踏板宽度修改为 250 mm,Revit 自动计算所需踢面数为 22,如图 3-217 所示。

图 3-216　修改后的属性

图 3-217　修改属性

移动鼠标指针,到最左下角的参照平面交点处,单击鼠标左键,如图 3-218(a)所示;向上移动鼠标至左上角的参照平面交点,单击鼠标左键,如图 3-218(b)所示。移动鼠标指针,到最右上角的参照平面交点处,单击鼠标左键,如图 3-218(c)所示,向下移动鼠标至右下角的参照平面交点以下的梯段板的端部,如图 3-218(d),单击鼠标左键。这样,就完成了草图的绘制。

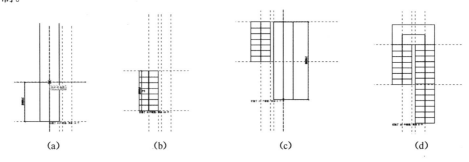

| (a) | (b) | (c) | (d) |

图 3-218 绘制楼梯

单击 ✅,完成楼梯的绘制。这时,会出现如图 3-219 所示的提示,这个提示告诉我们,楼梯栏杆设置有问题。进入三维视图,选中栏杆,单击属性框的"编辑类型",弹出图 3-220 的类型属性对话框。单击"栏杆位置"后的"编辑…"按钮,弹出编辑栏杆位置对话框,如图 3-221 所示。

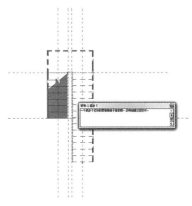

图 3-219 错误提示

图 3-220 编辑栏杆位置

在"主样式"和"支柱"中,把顶部都修改为"顶部扶栏图元",如图 3-221 所示。关闭对话框,扶手正常。完成后的楼梯三维图见图 3-222。

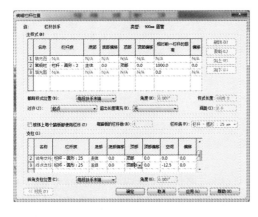

图 3-221 编辑栏杆位置

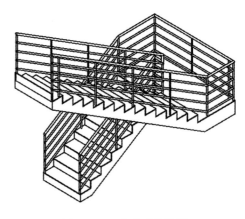

图 3-222 完成后的楼梯

3.8.2　螺旋楼梯

按照图 3-223 给出的弧形楼梯的平、立面图,创建楼梯模型,楼梯宽度 1 200 mm,所需踢面数 21,实际踏板深度 260 mm,扶手高度 1 100 mm,楼梯高度参考图中标高。

第一步,根据立面图判断这是一个装配式暗步梁式楼梯,应该采用工业装配式楼梯绘制。

第二步,设置标高,进入任意立面,按图 3-223 立面图修改标高,如图 3-224 所示。

第三步,建立绘制圆弧楼梯的参照平面。和直梯不同,圆弧楼梯的参照平面是一成楼梯旋转角度的平面。本例题中,是成 120°夹角的平面,如图 3-225 所示。

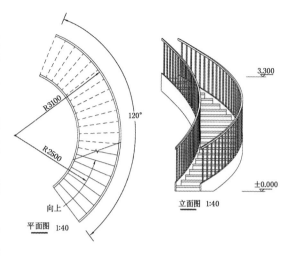

图 3-223　弧形楼梯的平面图和立面图

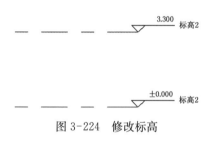

图 3-224　修改标高

图 3-225　建立夹角 120°的参照平面

单击"楼梯(按草图)",进入楼梯绘制状态。之后,在属性窗口选择"工业装配楼梯",如图 3-226 所示。

单击编辑类型,弹出如图 3-227 所示窗口,修改最小踏板深度为 260 mm,最大踢面高度为 157 mm,其余不变,单击"确定"按钮,退出编辑状态。

在绘制面板(图 3-228)上单击圆弧梯段,按图 3-229 所示绘制楼梯。完成的楼梯如图

图 3-226　设置楼梯类型

图 3-227　修改楼梯类型参数

图 3-228　圆弧梯段

3-230 所示。

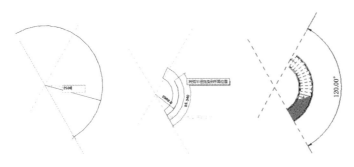
图 3-229 绘制楼梯

图 3-230 完成的楼梯

3.9 柱和梁

3.9.1 结构柱

在 Revit 中,柱分为建筑柱和结构柱(图 3-231)。建筑柱有不同的外观,结构柱带有分析线,可以用于结构分析。

设置好标高和轴线后,单击"柱"→"结构柱",这时进入"修改|放置 结构柱"上下文关联选项卡,同时出现"修改|放置 结构柱"选项卡,如图 3-232 所示。

图 3-231 柱类型

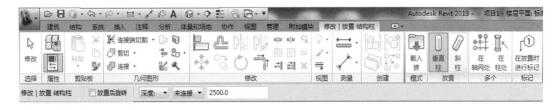
图 3-232 "修改|放置 结构柱"上下文关联选项卡

选项卡上"放置"面板上可以放置垂直柱和斜柱,多个面板上可以选择在轴网处放置柱和在建筑柱的位置设置柱。如果柱的类型不足,可以用模式面板的"载入族"载入磁盘上的族文件。

选项栏里可以设置将柱插入后再旋转一下,设置柱插入是在当前标高向上(高度)还是向下(深度),可以设置柱顶或柱底的标高,或者柱的偏移量。

下面我们插入 4 个混凝土柱,柱的截面 2 个为 600×600 mm、2 个为 700×900 mm。

单击"载入族",打开载入族对话框,浏览"architecture"→"结构"→"柱"→"混凝土",载入正方形混凝土柱。单击"打开",则可以在绘图区创建柱模型,如图 3-233 所示。

载入族后,设置选项栏为"高度"、"标高 2",如图 3-234 所示。单击属性窗口的类型选择器,如图 3-235 所示。选择混凝土正方形柱 600×600 mm,在轴线交点处插入 2 根混凝土柱,如图 3-234 所示。

下面插入 700×900 mm 混凝土柱。单击"载入族",打开载入族对话框,浏览"architecture"→"结构"→"柱"→"混凝土",载入矩形混凝土柱。单击"打开",则可以在绘图区创建柱模型,如图 3-233 所示。

图 3-233　载入族

载入族后,设置选项栏为"高度"、"标高 2",如图 3-234 所示。单击属性窗口的类型选择器,如图 3-235 所示。类型中没有 700×900 mm 混凝土柱,为此,要创建 700×900 mm 的混凝土柱。

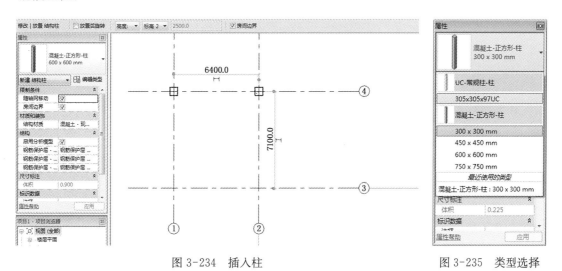

图 3-234　插入柱　　　　　　　　　　　　　　　　图 3-235　类型选择

在图 3-236 中任选一个混凝土柱,本例为 600×750 mm 矩形柱,单击"编辑类型",弹出"类型属性"对话框(图 3-237),单击对话框中的"复制",在弹出的图 3-238 类型名称对话框中,输入 700×900 mm,单击"确定"。在"类型属性"对话框中修改 b 为 700,h 为 900,单击"确定",如图 3-239 所示。在轴线交点处插入 2 根混凝土柱,如图 3-240 所示。

图 3-236 矩形混凝土柱

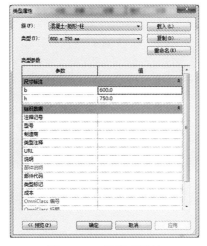

图 3-237 柱类型属性

图 3-238 类型名称

图 3-239 修改截面

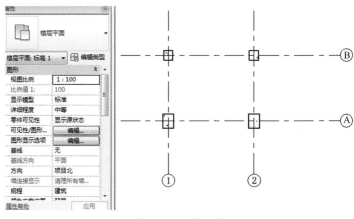

图 3-240 插入柱

3.9.2 建筑柱

建筑柱的插入过程与结构柱类似,不再赘述。

3.9.3 梁

新建一个基于建筑样板的项目,绘制轴线和柱,如图 3-241 所示。

双击项目浏览器的标高 2,如图 3-242 所示,进入标高 2 视图。单击结构选项卡上的"梁"按钮,进入"修改|放置梁"上下文关联选项卡,如图 3-243 所示。

单击"载入族",打开载入族对话框,浏览"architecture"→"结构"→"框架"→"混凝土",载入混凝土矩形梁。单击"打开",则可以在绘图区创建梁模型。

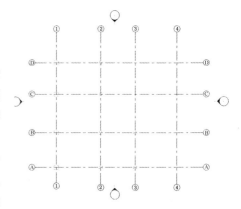

图 3-241 完成的轴线和柱

图 3-242　进入标高 2 的视图

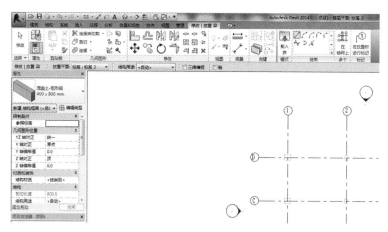

图 3-243　"修改 | 放置梁"上下文关联选项卡

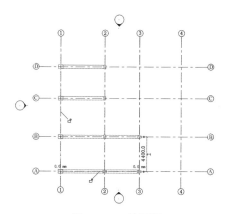

图 3-244　放置梁

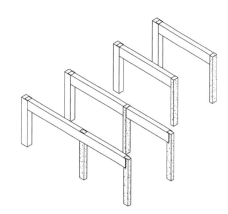

图 3-245　完成后的三维视图

载入族后,设置选项栏的"放置平面"、"结构用途"。单击属性窗口的类型选择器,如图3-244 所示。选择混凝土矩形梁 400×800 mm,单击梁的起点和终点,绘制混凝土梁,如图 3-244 所示。

梁可以和柱一样复制并创建新的类型。完成后的三维视图如图 3-245 所示。

3.9.4　结构支撑

结构支撑的绘制和梁的绘制类似,只是选项栏需要设置起点标高和终点标高,其他绘制方法和梁一致。绘制过程如图 3-246—图 3-248所示。

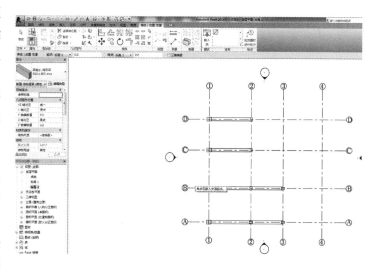

图 3-246　设置选项栏

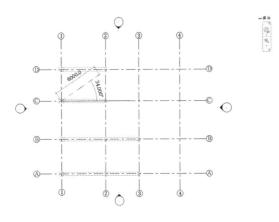

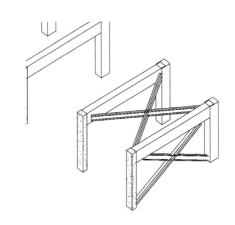

图 3-247　绘制支撑　　　　　　　　　　图 3-248　完成的支撑

3.10　门、窗族的创建

3.10.1　门窗族的创建

门窗族的创建可以采用的族模板有基于墙的公制常规模型、公制窗和公制门（图 3-249），用公制常规模型创建门窗族与直接采用公制窗和公制门创建门窗族的最大区别在于，基于墙的公制常规模型需要先开一个门窗洞。

下面以基于墙的公制常规模型来创建一个窗户。

图 3-249　门窗族模板

1. 新建族

首先单击族下的"新建…"按钮，如图 3-250 所示。在弹出的对话框里选择"基于墙的公制常规模.rtf"，单击"打开"，如图 3-251。单击"打开"后，工作区如图 3-252 所示。

图 3-250　新建族　　　　　　　　　　　图 3-251　选择族样板

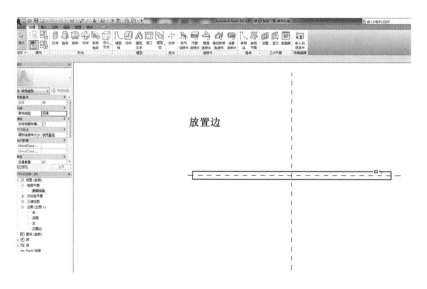

图 3-252　新建族

单击项目浏览器中的"立面→放置边",如图 3-253 所示。

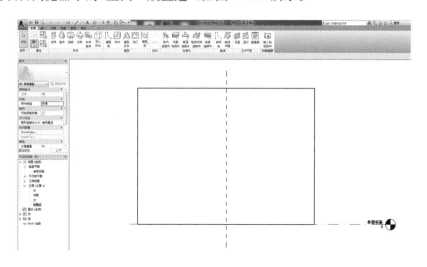

图 3-253　立面放置边

2. 开窗洞

开窗洞前应在立面上先绘制四个参照平面,用来定位窗洞口的上下左右四个边。单击"创建"选项卡,"基准面板"的"参照平面"按钮 。进入参照平面绘制状态,绘制四个参照平面,如图 3-254 所示。

分别选中四个参照平面,将其"是参照"属性分别修改为顶、底、左、右,如图 3-255 所示。

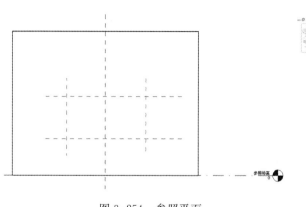

图 3-254　参照平面

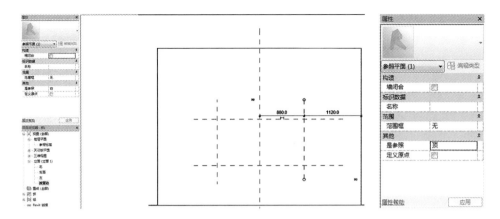

图 3-255　修改"是参照"选项卡

单击模型面板下(图 3-256)的洞口按钮,功能区选项卡进入"修改|创建洞口边界"上下文关联选项卡,如图 3-257 所示。

图 3-256　模型面板

图 3-257　"创建洞口边界"选项卡

单击图 3-257 绘制面板中的"矩形",在绘图区四个参照平面中间绘制矩形洞口,如图 3-258所示。

按"Esc"退出绘制状态。单击对齐按钮,先后选择左边的参照平面和洞口线,并锁定。之后,依次选择其他三个参照平面和洞口线,如图 3-259 所示。单击"√",完成窗洞创建。

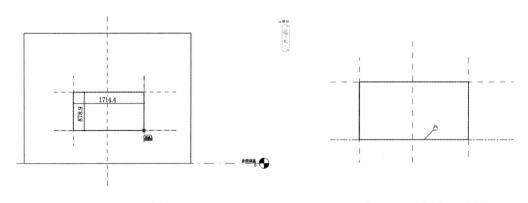

图 3-258　绘制洞口边界　　　　　　　　图 3-259　锁定洞口边界

标注窗洞的高度、宽度和窗台的高度。单击"注释"选项卡的"对齐"按钮，如图 3-260 所示。给参照平面进行标注，如图 3-261 所示。

单击中间的"EQ"，这表示这两个尺寸标注是相等的，如图 3-262 所示。

接着标注图 3-263 所示的尺寸线。

图 3-260　"注释"选项卡

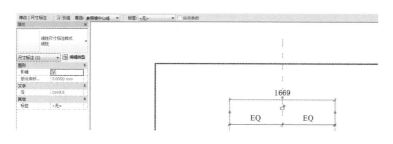

图 3-261　标注尺寸

图 3-262　等间距标注

图 3-263　标注尺寸

标注完成后，选中图 3-263 中的 1 669 尺寸线，此时，选项栏出现"修改 | 尺寸标注"，单击"标签"后的下拉菜单，单击"＜添加参数…＞"，如图 3-265 所示。弹出如图 3-266 所示的"参数属性"对话框。对话框中设置参数类型为"族参数"，参数名称为"窗洞宽"，参数分组方式为"尺寸标注"，然后单击"确定"。用同样的方法标注出"窗洞高"和"窗台高"，如图 3-267 所示。

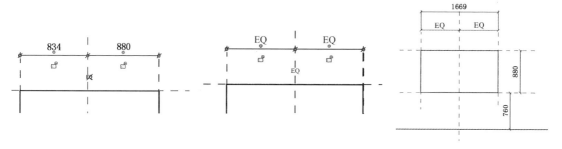

图 3-264　选中尺寸线

图 3-265　添加参数

图 3-266　参数属性

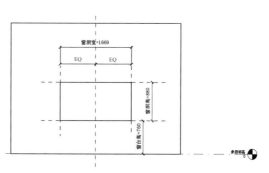

图 3-267　添加完成参数

单击"族类别和族参数"按钮(图3-268),弹出图3-269的"族类别和族参数"对话框,选择下拉列表中的"窗",单击"确定"。这是告诉Revit我们所建立的族是窗族。

单击"属性"面板的"族类型"按钮,弹出"族类型"对话框,如图3-270所示。将窗洞高修改为1 200,窗洞宽修改为1 500,窗台高修改为900,如图3-271所示。单击"应用"按钮,则工作区如图3-272所示。这说明参数驱动工作正常。

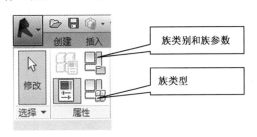

图 3-268　族属性面板

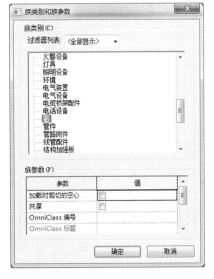

图 3-269　"族类别和族参数"对话框

图 3-270　族类型

图 3-271　修改参数

3. 绘制窗框

进入参照标高,单击工作区"工作平面"面板中的"设置"(图3-273),弹出"工作平面"对

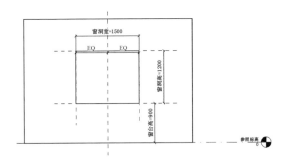

图 3-272　参数驱动工作区变化

图 3-273　设置工作平面

话框(图 3-274),单击"拾取一个平面"后,单击确定。在弹出的"转到视图"对话框中选择"立面:放置边",单击打开视图(图 3-275),此时,工作区显示如图 3-276 所示。

图 3-274　工作平面

图 3-275　转到视图

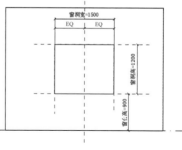
图 3-276　工作区视图

单击如图 3-277 所示的功能区"创建"选项卡的"拉伸",进入"修改|创建拉伸"上下文关联选项卡,如图 3-278 所示。

图 3-277　创建选项卡

图 3-278　"修改|创建拉伸"上下文关联选项卡

在属性窗口,设置拉伸的起点为-30,终点为 30,单击绘制面板的矩形,单击左上角参照平面交点和右下角的参照平面交点,绘制一个矩形框,如图 3-279 所示。把矩形四边的四把锁点击一下,锁定边界和参照平面,如图 3-280 所示。

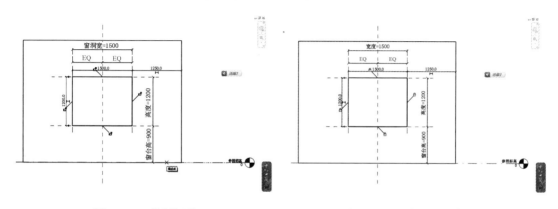

图 3-279　绘制矩形

图 3-280　锁定边界和参照平面

修改选项栏的偏移量为-60,单击左上角参照平面交点和右下角的参照平面交点,再绘制一个矩形框,如图 3-281 所示。

绘制完成第二个矩形,单击"模式"中的 ✔ ,完成窗框的创建,如图 3-282 所示。三维视图如图 3-283 所示。

用同样的方法创建窗扇的边框,不过,拉伸的起点为-20,终点为 20,如图 3-284 所示。完成窗扇边框的三维视图,见图 3-285。

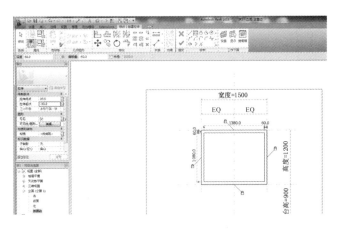

图 3-281 绘制第二个矩形界面

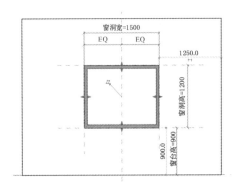

图 3-282 完成的窗框

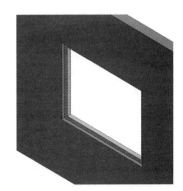

图 3-283 三维视图

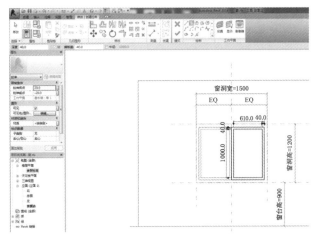

图 3-284 创建窗扇对话框

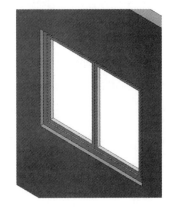

图 3-285 完成窗扇边框的三维视图

4. 创建玻璃

单击"拉伸",在属性窗口,设置拉伸的起点为-3,终点为 3,如图 3-286 所示。因玻璃是透明的,所以需要设置玻璃的材质。单击材质后的编辑按钮,弹出"关联参数"对话框,如图 3-287 所示。单击"添加参数…",弹出参数属性对话框,如图 3-288 所示。在对话框中参数类型设为"族参数",名称为"玻璃",参数分组方式为"材质和装饰",单击确定。

图 3-286　设置属性

图 3-287　关联族参数

图 3-288　参数属性

单击"族类型"，弹出"族类型"对话框,如图 3-289 所示,单击"玻璃"后面的"＜按类别＞",弹出如图 3-290 所示对话框。

图 3-289　族类型

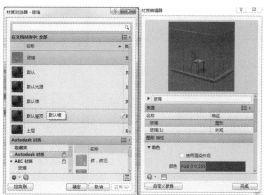

图 3-290　材质浏览器

先在如图 3-290 所示的材质浏览器里双击"玻璃",然后单击确定,"族类型"对话框如图 3-291 所示,单击确定,关闭对话框。

单击绘制面板的矩形,单击窗扇边框内侧左上角点和右下角点,绘制矩形框玻璃,三维视图如图 3-292 所示。

图 3-291　族类型

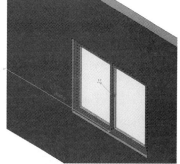

图 3-292　完成玻璃的三维视图

单击"族类型",打开对话框如图 3-293 所示,单击"重命名…",在弹出的对话框里,修改族的类型名称,或者增加新的类型。至此,窗族创建完成,可以载入项目中测试,如图 3-294 所示。

上述的窗族没有设置在平面图中的可见性和立面的开启线,下面补充这些设置。

开启线的绘制,单击如图 3-295 所示"注释"选项卡的"符号线",打开图 3-296 所示的"修改|放置符号线"选项卡,单击绘制中的直线,绘制门窗的开启线,绘制完成,如图 3-297 所示。

图 3-293　修改族名称

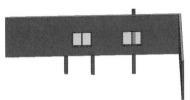

图 3-294　项目中的窗族

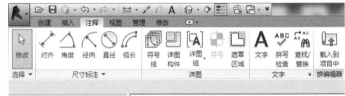

图 3-295　注释选项卡

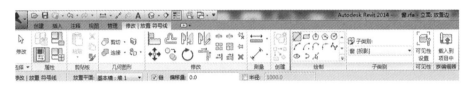

图 3-296　"修改|放置符号线"选项卡

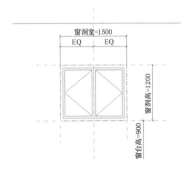

图 3-297　绘制完成的窗开启线

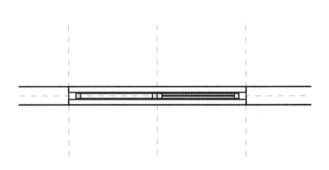

图 3-298　选中窗框、窗扇和玻璃

双击楼层平面的参照标高,进入平面视图,选择刚绘制完成的窗框、窗扇和玻璃,如图 3-298 所示。

单击图 3-299 所示的模式面板中的可见性设置,弹出可见性设置对话框,如图 3-300 所示。取消选择"平面/天花板平面视图"和"当在平面/天花板平面视图中被剖切时"两个选项,单击确定。

图 3-299 "修改|拉伸"选项卡

图 3-300 族图元可见性设置对话框

按照绘制开启线的方式,在平面视图中绘制 4 条符号线,并使用对齐标注,使线间的距离相等,如图 3-301 所示。

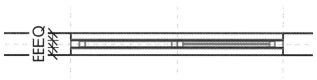

图 3-301 绘制符号线

将完成的族载入到项目中,立面与平面显示如图 3-302 所示。

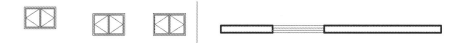

图 3-302 完成的窗族的显示

3.10.2 练习题

建立如图 3-303 所示的门族。

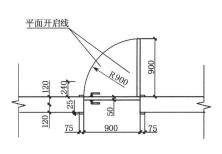

单扇门平面详图 1:20

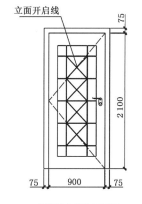

单扇门外部立面详图 1:20

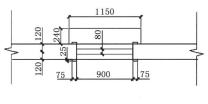

单扇窗平面详图 1:20

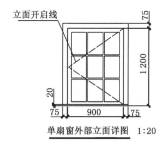

单扇窗外部立面详图 1:20

图 3-303 门族图纸

3.11　体量练习

根据 3.4.4 异型墙中学习的体量知识,创建如图 3-304 所示的体量,并导入项目中求得其体积和表面积。

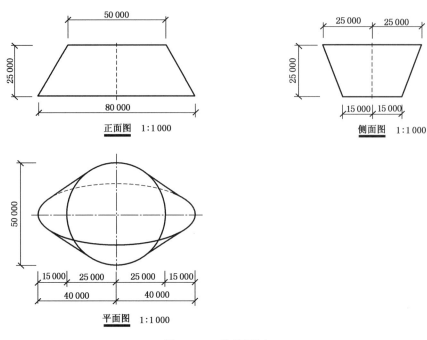

图 3-304　体量图纸

3.12　渲染

完成的建筑模型如图 3-305 所示。为了达到建筑表现图的效果,需要对模型进行渲染。

单击"视图"选项卡,在"图形"面板的右侧有"渲染"、"Cloud 渲染"和"渲染库"3 个按钮是与渲染有关的,如图 3-306 所示。其中后两项需要有 Autodesk 的账号,在此不作阐述。第一项是常用的选项。

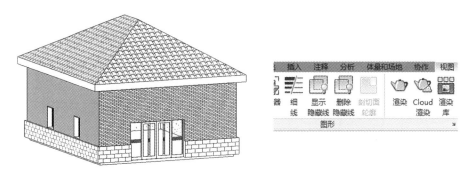

图 3-305　完成的建筑模型　　　　　图 3-306　渲染按钮

单击"渲染"按钮,弹出"渲染"对话框,对话框的各按钮功能如图 3-307 所示。

将质量设置为"高",单击"渲染"按钮,经过一段时间的渲染之后,得到如图 3-308 所示的渲染图像。

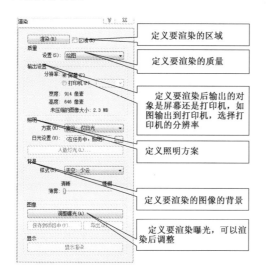

定义要渲染的区域

定义要渲染的质量

定义要渲染后输出的对象是屏幕还是打印机,如图输出到打印机,选择打印机的分辨率

定义照明方案

定义要渲染的图像的背景

定义要渲染曝光,可以渲染后调整

图 3-307　"渲染"对话框

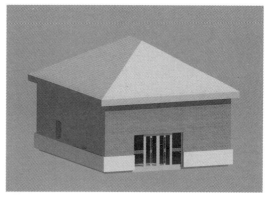

图 3-308　渲染图像

　　图 3-308 的渲染并不美观,下面设置一幅背景图片,增加图片的美观程度。单击"背景"中"样式"后的下拉按钮,选择"图像"。单击"自定义图像…"按钮,弹出如图 3-309 所示的背景图像对话框,单击"图像(I)…"按钮,选择一幅图片,单击确定,然后再单击"渲染"。渲染的图像如图 3-310 所示。

图 3-309　选择背景图像

图 3-310　添加背景的渲染图像

3.13　综合练习题

　　1. 习题一

　　根据图 3-311—图 3-313 给出的三维图、平面图和立面图,建立房屋模型。

　　2. 习题二

　　根据图 3-314 和图 3-315 给出的平、立面图建立房屋模型。Revit 中没有的族,需要建立族文件。

图 3-311　三维图

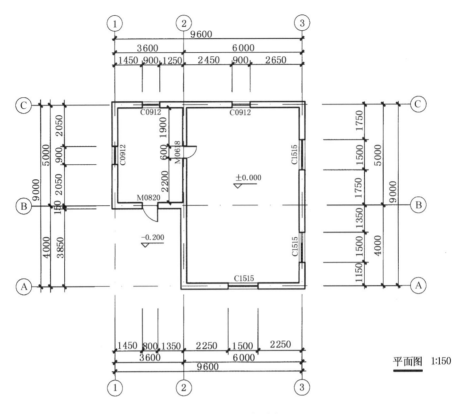

图 3-312 平面图

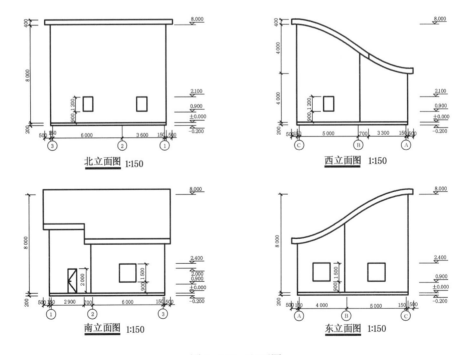

图 3-313 立面图

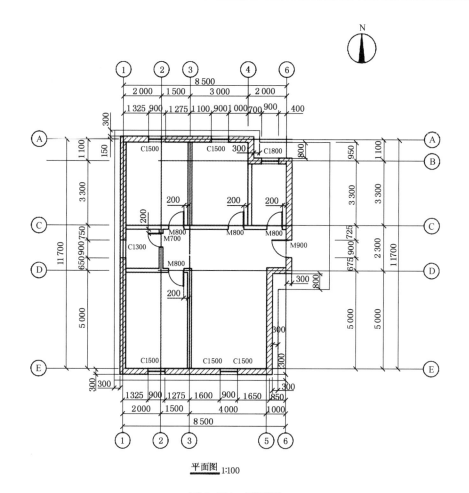

平面图 1:100

图 3-314　平面图

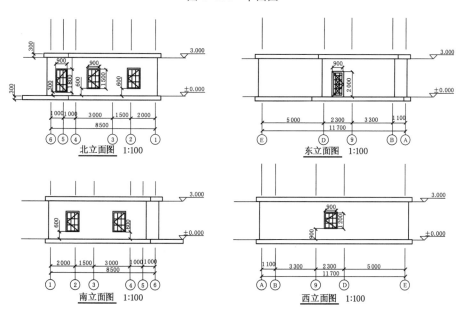

北立面图 1:100　　东立面图 1:100

南立面图 1:100　　西立面图 1:100

图 3-315　立面图

第4章 基于 Tekla Structures 的 BIM 实践

Tekla Structures 是一个涵盖从概念设计到详图、制造、安装整个结构设计过程的结构建造信息模型(BIM)系统,是由芬兰 Tekla 公司开发设计的。

Tekla 公司是一个软件工程专业公司,成立于 1966 年,总部位于芬兰的埃斯波(Espoo)。于 2012 年初被美国的天宝公司收购。

Tekla Structures 是一款功能强大的 BIM 软件,可以根据结构图搭建一个完整的模型,可以从模型不同方向查看任意零件,也可以查询设计、制造、安装的各种信息;可以通过多用户对同一模型进行操作,也可以通过数据交换,与同一个工程的其他专业相互连接,从而提高效率。

4.1 Tekla Structures 的安装

Windows 7(X86)下 Tekla Structures 18.1 的安装,必须以管理员权限启动 Windows 7,打开 Tekla Structures 18.1 安装文件目录,如图 4-1 所示。双击"TeklaStructures181Software.exe"进行安装。

图 4-1 Tekla Structures 安装文件夹

安装软件运行后,显示如图 4-2 所示的选择安装语言对话框,选择"中文(简体)",单击确定,然后进入解压缩过程,如图 4-3 所示。

图 4-2 选择安装语言   图 4-3 解压缩

解压缩完成,安装程序显示如图 4-4 所示的欢迎屏幕,在欢迎屏幕上点击"下一步"按钮。

软件显示如图 4-5 所示的许可协议,在许可协议中选择"我接受许可证协议中的条款(A)",点击"下一步"。

图 4-4　欢迎屏幕

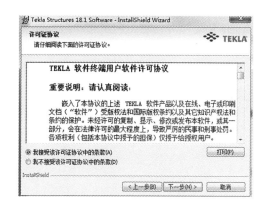

图 4-5　许可协议

选择安装路径,如图 4-6 所示。注意安装路径最好没有中文,点击"下一步"。

接下来,安装程序提示选择模型默认保存位置,如图 4-7 所示。一般单击"下一步"。

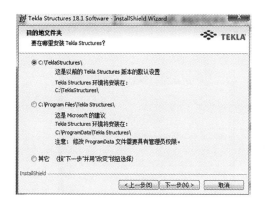

图 4-6　安装文件夹

图 4-7　选择模型位置

如图 4-8 所示,选择使用的语言,英语为默认使用语言,一般我们还要选中"中文",点击下一步。最后出现完成界面,如图 4-9 所示,单击"完成"按钮,等待 Tekla Structures 环境管理工具安装环境,如图 4-10 所示。

图 4-8　选择使用的语言

图 4-9　完成安装

Tekla 环境安装结束,如图 4-11 所示,单击"结束",Tekla Structures 安装完成。

图 4-10 安装 Tekla 环境

图 4-11 Tekla 环境安装结束

4.2 Tekla Structures 的界面

双击桌面图标 ,启动 Tekla Structures(图 4-12)。

图 4-12 登陆界面

图 4-13 选择环境和配置

选择环境及配置(图 4-13),各个环境包含不同库文件及设置文件,不同配置可提供专业化的功能以满足建筑行业的需求。本书主要讲述的是钢结构深化设计,故在下拉框中选择钢结构深化,弹出如图 4-14 所示的界面。

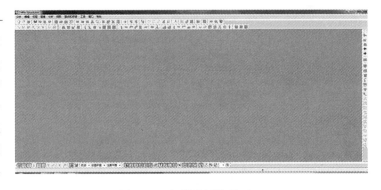

图 4-14 钢结构深化界面

4.3　开始工程

4.3.1　新建模型

在图 4-14 界面上,点击菜单栏"文件→新建"或单击菜单栏"新建模型图标 ",弹出新建模型对话框,如图 4-15 所示。

图 4-15　新建对话框

新建模型默认保存路径为 Tekla 安装过程中设置路径 Tekla Structures Models 文件夹下,也可通过 ,更改模型保存路径。模型名称为工程名,此输入"train-1",名称可以使用汉字,如"练习-1",模型模板默认为"无",模型类型默认为"单用户",通常"多用户"用于多人协作同时完成同一工程,此时需在局域网内安装有 TCP/IP 协议的机器上,启动"xs_server. exe",如图 4-16 所示。

图 4-16　启动"xs_server. exe"

在服务器名称处输入运行"xs_server. exe"程序的机器的 IP 地址,例如 192.168.0.10,本书讲解针对的是单用户,多用户相关内容将不涉及。点击确认后,软件界面如图 4-17 所示。

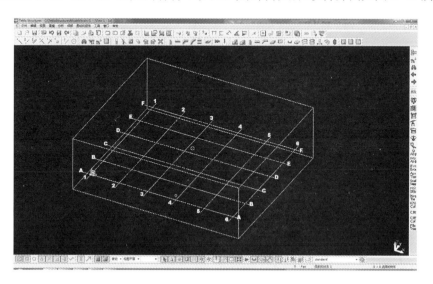

图 4-17　软件界面

4.3.2　设置轴线

使用 Tekla 软件进行模型建立之前,首先要进行轴线定义、环境设置、材质添加、截面添加、螺栓添加等步骤。在软件启动时,选择中国环境,就默认包含了材质、界面、螺栓等库文件,现在只需要设置轴线即可。

双击视图中的轴线,如图 4-18 所示,或者单击菜单"建模→创建轴线…",如图 4-19 所示,弹出轴线对话框,如图 4-20 所示。

在 Tekla 软件中的 Z 轴相当于层高。在对话框中,X 轴、Y 轴按设计图轴线尺寸输入数字对轴线进行修改,数值

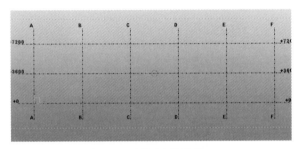

图 4-18　视图中的轴线

为相对值,单位默认为 mm,各轴线距离用一空格隔开,多轴线间距相同时,可用 $(N-1)*D$ 输入,其中,N 为轴线数量,D 为轴线间距。Z 轴为立面标高,数值为绝对值,可正可负。

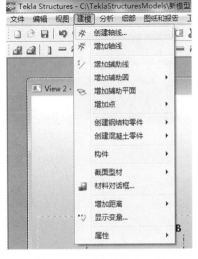

图 4-19　创建轴线菜单项

图 4-20　轴线对话框

轴线数值输入后,在轴线标签内,输入与轴线标签对应的标签号,各个标签用空格键隔开,点击"修改"便建成了需要的轴线,如图 4-21 所示。

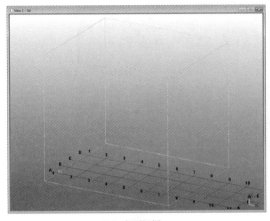

（a）立面视图

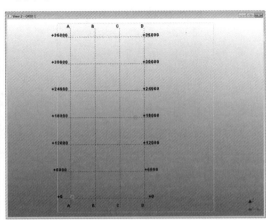

（b）平面视图

图 4-21　完成的轴网

4.3.3　设置视图属性

在视图空白处双击鼠标左键,或者单击菜单项"视图-视图属性…"(图 4-22),弹出"视图属性对话框",如图 4-23 所示。

图 4-22　视图属性菜单项

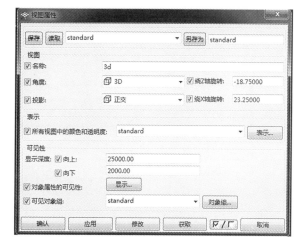

图 4-23　3D 视图的视图属性

在图 4-23 中,视图名称为"3d",视图与世界坐标系的 X-Y 平面有一定的角度,默认"3D"显示,也可改为"平面"显示,3D 视图与平面视图可以使用快捷键 Ctrl+P 进行切换。

单击"所有视图中的颜色和透明度"后的向下的三角按钮,如图 4-24 所示。通过选择预存的各种设置,可以将模型中的不同类型的杆件显示为不同的颜色和透明度。

"显示深度"默认为物体上 25 000、下 1 000 范围内的零件或者物体,超出此范围则不显示在本视图中,显示深度可根据标高大小或者需要更改。

单击对象属性的可见性后面的"显示…"按钮,弹出"显示"对话框,如图 4-25 所示。"显示"对话框中为视图中显示对象的内容,可根据需要调节显示内容和显示精度。

图 4-24　设置所有视图中的颜色和透明度

图 4-25　"显示"对话框

单击"可见对象组"后的"对象组…"按钮,弹出"对象组-显示过滤"对话框,如图 4-26 所示。在"对象组-显示过滤"对话框通过编辑规则内容,可调整视图显示对象类型。通常情况下,"显示"和"可见对象组"配合使用,显示需要的对象。

图 4-26 "对象组-显示过滤"对话框

4.3.4 视图创建

在三维视图中,可以通过"Ctrl＋R"快捷键设置视图旋转点,从各个不同方向浏览模型,在三维视图中如果想查看某轴线或者某标高平面上的杆件就比较困难,建造模型时准确地选择定位点比较困难,因此,需要创建立面视图和平面视图。

在三维视图中单击底部轴线,选中轴线,单击鼠标右键,在弹出的菜单上单击"创建视图→沿着轴线…"(图4-27),弹出"沿着轴线生成视图"对话框,如图 4-28 所示。

单击 XY 后的"显示…"按钮,弹出如图 4-29 所示的"视图属性"对话框。

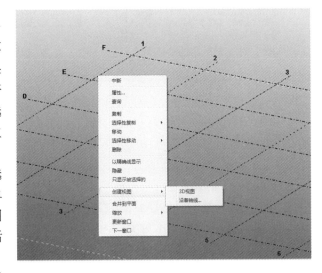

图 4-27 创建视图

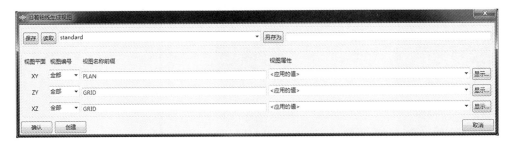

图 4-28 "沿着轴线生成视图"对话框

在如图 4-29 所示的对话框中,将视图名称清空,角度改为平面,显示深度上下各为

500,单击"应用"。这样在软件重新启动或者应用新的视图属性之前,创建的平面和立面视图都会沿用上述设置的属性。单击"确认",退出"视图属性"对话框。

在"沿着轴线视图生成视图"对话框中,点击"创建",生成各轴线立面图以及各标高平面图,弹出"视图"对话框,如图 4-30 所示。这样,在各视图中便可以进行杆件搭建、添加连接节点等操作。再双击"GRID-1",打开 1 轴立面视图,如图 4-31 所示。然后关闭"沿着轴线生成视图"对话框和"视图"对话框。

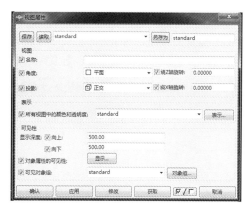

图 4-29　"视图属性"对话框

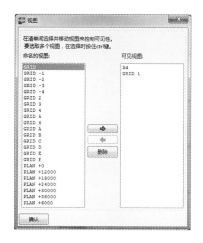

图 4-30　"视图"对话框

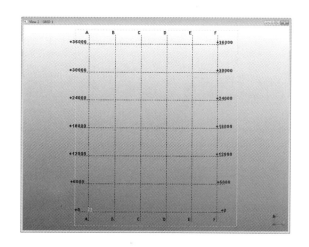

图 4-31　1 轴立面视图

4.3.5　创建柱

在工具栏里单击创建柱图标，或菜单项"建模"→"创建钢结构零件"→"柱"(图 4-32)。

移动鼠标指针,选择 0 标高与 A 轴交点创建 A 轴钢柱,如图 4-33 所示。双击图 4-33 中的钢柱,出现"柱的属性"对话框,如图 4-34 所示。

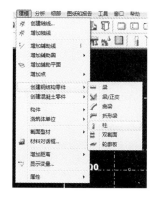

图 4-32　创建柱菜单

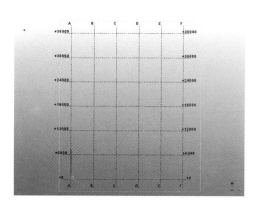

图 4-33　创建钢柱

在图 4-34 中,前缀表示生成图纸或者清单时零件和构件名称的前缀;开始编号表示对象在模型中流水编号的起始号码,可不为 1。截面型材表示该对象的型号,单击"选择…"按钮,弹出"选择截面"对话框,如图 4-35 所示,可以从型材库中选择目标型号。本例选中HEA600,然后依次单击"应用"、"确认"按钮关闭对话框。

图 4-34 "柱的属性"对话框

图 4-35 "选择截面"对话框

图 4-35 所示的型号库可以扩充,添加库中没有的型号。

材质表示该对象的材料,单击"选择…"按钮后,弹出如图 4-36 所示的"选择材质"对话框,选择对象的材质后,依次单击"应用"、"确认"按钮,关闭对话框。

抛光描述了如何处理零件表面,如涂防锈漆、热镀、上耐火涂层等。

点击柱的属性对话框中"位置",如图 4-37 所示。图中位置主要调整杆件的方向、角度,

图 4-36 "选择材质"对话框

图 4-37 位置选项卡

高度主要是调整钢柱上部与下部的标高位置,在高度顶面框中添上 6 000,即我们所要创建钢柱的柱顶标高,底面为−500。

变形主要是指柱的翘曲、起拱和减短信息,如图 4-38 所示。

选中刚创建的柱,单击右键,在弹出的菜单上单击复制,单击 0 标高和 A 轴的交点,然后依次单击 0 标高和 B 轴、C 轴、D 轴的交点,完成 1 轴线上柱的复制,按"Esc"键退出复制状态,如图 4-39 所示。同理,可以复制其他轴线上的柱。

图 4-38　变形选项卡

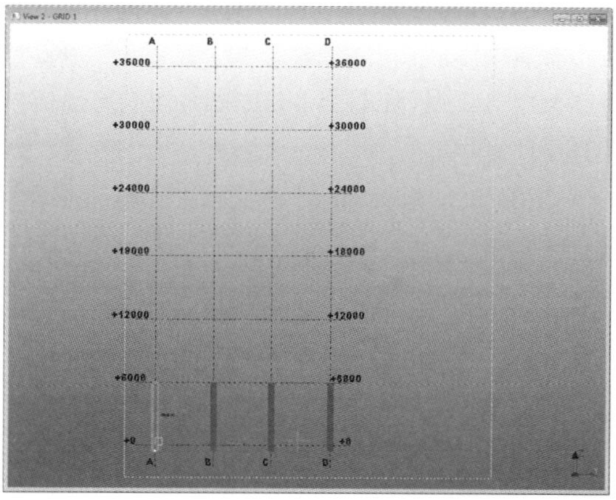

图 4-39　完成 1 轴线上柱的复制

4.3.6　创建梁

双击创建钢结构零件工具条  中的 或者菜单项。弹出"梁的属性"对话框,如图 4-40 所示。"梁的属性"对话框中的属性选项卡和钢柱相同。

钢梁位置对话框与钢柱不同(图 4-41),末端偏移可以调整杆件两端相对于挂件时选择的起始点和终点的偏移位置。曲梁可以将直梁调成有一定曲率半径的弯曲梁,并可以定义弯曲部分用直线段来模拟,通过调整圆弧的段数来控制模型的精确程度。

变形(图 4-42)可以将钢梁做出扭曲角度,扭曲的同时可以起拱和减短。

图 4-40　"梁的属性"对话框

图 4-41　"位置"选项卡

图 4-42　"变形"选项卡

单击＋6 000 与 A 交点,再单击＋6 000 与 D 轴交点,完成 1 轴梁的绘制,如图 4-43 所示。按"Esc"键退出梁的绘制状态。

4.3.7 创建柱底板

柱底板的创建采用创建钢结构零件工具条 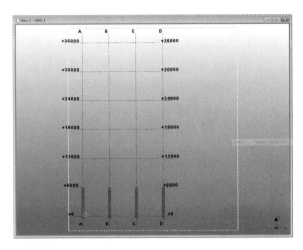 中的 创建多边形板命令。

按 Ctrl＋I 键,在打开的在视图列表中选择 PLAN 0。

下面在 A 轴和 1 轴交界处,绘制辅助线。

图 4-43 完成的 1 轴梁

在 选择 创建辅助线,辅助线偏移尺寸每边 100。

辅助线绘制完成后,单击双击 ,弹出对话框如图 4-44 所示。

在截面型材中输入 PL20(PL20 表示厚度为 20 的板),在深度选择"前面的",绘出如图 4-45 所示板的样式。

图 4-44 多边形板属性

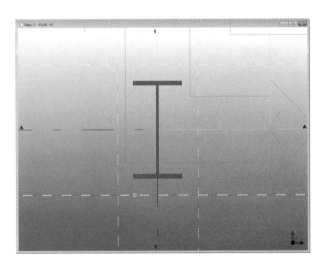

图 4-45 绘制柱底板

钢柱底板打孔,采用螺栓打孔的方式,双击 ,弹出如图 4-46 所示对话框。

"螺栓属性"对话框的各项参数的含义如下。

螺栓:螺栓尺寸是指螺栓的直径;螺栓标准是指螺栓的种类;螺栓类型是指螺栓是工地使用还是工厂使用;螺栓的切割长度是指打螺栓时螺栓的搜索区域;附加长度是指螺栓长度增加值。

螺栓组:形状分为阵列、圆和 xy 阵列,是指打螺栓时螺栓排列形状;螺栓的 X 向、Y 向间距是指螺栓排列时螺栓的间距。

孔:容许误差是螺栓孔相对于螺栓直径的差值;孔类型、X 方向的长孔、Y 方向的长孔和

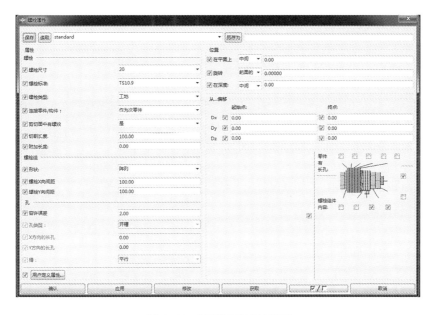

图 4-46　"螺栓属性"对话框

槽选项为灰白色,需配合右侧螺栓组成选择项使用,可以开槽孔。

位置和从…偏移:主要用来调整螺栓的方向和偏移值。

螺栓组件内容:用来选择螺栓的组成,螺杆、垫片数量,垫片类型,螺栓连接零件的数量。

打孔时将螺杆选项清空即可用来开孔。

选择螺栓尺寸为 20,螺栓标准默认值即可,螺栓 X 向间距为 440,螺栓 Y 向间距为2 * 150,容许误差为 9,从…偏移中起始点 Dx 偏移值为 50,螺栓组件清空所有选择项,点击应用。

选择柱底板,点击鼠标中键或者滚轮(表示确认选择),点击开孔的起始点即柱底板上边缘的中点,开孔结束点为柱底板下边缘的中点,点击鼠标中键,开孔完成,如图 4-47 所示。

在视图清单中将视图切换至平面 GRID 1。

在工具栏 创建接合 图标,选择 A 轴钢柱,将钢柱沿柱底板上缘切平,点击创建钢结构零件工具条 中 ,首先选择钢柱,然后选择柱底板,柱底板便焊接在钢柱上,如图4-48 所示。

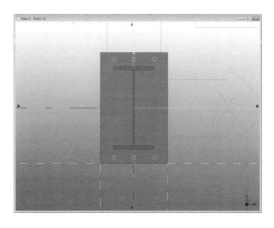

图 4-47　完成开孔

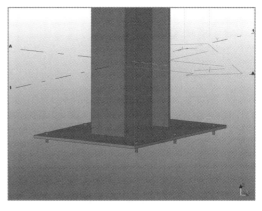

图 4-48　焊接完成的柱底板

4.4 基于 Tekla Structures 的工程实战

4.4.1 启动 Tekla Structures 并创建新模型

为了启动 Tekla Structures，单击 Windows 开始 按钮。操作鼠标指到程序→Tekla Structures→Tekla Structures chs China。这样中国环境的中文版的 Tekla Structures 将启动。

模型的用户界面打开后，大部分的菜单和所有的图标都是灰色的，这意味着还没有激活。当打开一个已有模型或创建一个新的模型时，图标和可用的菜单选项都将被激活，如图 4-49 所示。

从下拉菜单中选择"文件→新建…"或单击标准工具条上的"新建"模型图标，打开"新模型"对话框，如图 4-50 所示。在对话框的左下脚，Tekla Structures 要求输入模型的名称。完整的模型文件夹路径显示在该区域内。

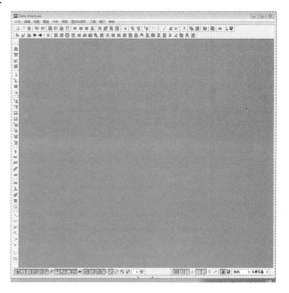

图 4-49 Tekla Structures 界面

图 4-50 "新建"对话框

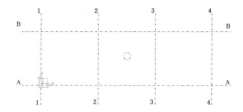

图 4-51 轴线

用新名字"BasicModel1"或一个唯一的名字来代替"新模型"。点击"确认"按钮创建新的模型。菜单和图标被激活，模型名称出现在窗口的标题栏内。

4.4.2 创建轴线

给基本模型 1 创建如图 4-51 所示的轴线。可以删除已有的轴线，通过单击"建模→轴线…"下拉菜单创建新的轴线，也可以修改已有的轴线。

修改已有轴线，双击轴线，弹出"轴线"对话框，如图 4-52 所示，填完"轴线"对话框中 X，Y，Z 的坐标和轴线的标签。

点击"修改"应用新的轴线值。轴线被修改以后，绿线显示的视图工作区域并未即时更新。

图 4-52 "轴线"对话框

使修改的轴线适合工作区域。右击鼠标,从弹出菜单里面选择"适合工作区域",如图 4-53 所示。此时的视图效果如图 4-54 所示。

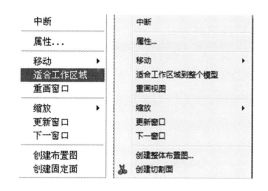

图 4-53　适合工作区域

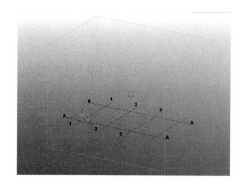

图 4-54　适合工作区域后的三维视图

4.4.3　沿着轴线创建平面视图

1. 沿着轴线创建视图

首先选择一根轴线,点击鼠标右键,从下拉菜单中选择"创建视图→轴线视图",打开"沿着轴线生成视图"对话框,如图 4-55 所示。

将视图属性改为如图 4-55 所示,点击 XY 视图平面上的"显示…"按钮,打开"视图属性"对话框。按照图 4-56 改变视图深度的值,点击"确认"关闭对话框。

图 4-55　"沿着轴线生成视图"对话框

在图 4-55 中选择视图的编号为"全部",点击"创建",出现"视图"对话框(图 4-57),所有创建的视图都在里面。所有不可见的有名称的视图在左侧,所有可见的视图在右侧。

图 4-56　视图属性

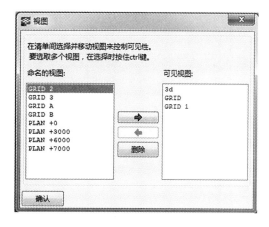

图 4-57　视图对话框

2. 显示或隐藏视图

单击打开已命名的视图清单图标 ▣ ,打开视图对话框,选择想要显示或者隐藏的视图,使用箭头从左至右移动视图(可见)或者反方向(不可见)。一次最多可以打开 9 个视图。可以在 3D 的渲染状态下旋转模型。按下 v 键。在视图中,点击旋转的中心。按住 Ctrl 键,点击和拖动鼠标中键。

使用快捷键 Ctrl+P,可以在 3D 和平面间进行视图的切换。

打开一个视图,比如 Grid A(图 4-58),按住 Ctrl+P 来将平面视图转换为 3D 视图(图 4-59),按住 Ctrl+P 返回到平面视图。

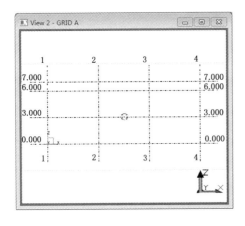

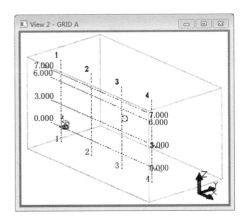

图 4-58 Grid A 平面视图

图 4-59 Grid A 三维视图

4.4.4 创建柱

首先,我们将创建两根柱子,然后使用复制命令创建其他柱子。

双击创建柱子图标，按照图 4-60 所示填完"柱的属性"对话框内容。可以在截面型材空格里输入截面数值或点击"选择…"按钮来浏览截面库选择正确的截面。输入完毕后点击"应用"。

按照如图 4-61 所示填完对话框的位置选项页,然后点击"应用"。

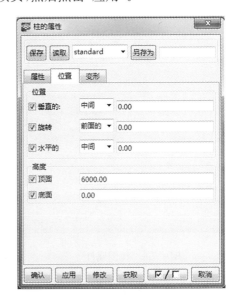

图 4-60 "柱的属性"对话框——属性

图 4-61 柱子属性对话框——位置

点击轴线 A-1 的交点,创建第 1 根柱子;然后点击轴线 B-1 的交点,创建第 2 根柱子,如图 4-62 所示。

用框选的办法选择刚才创建的柱子,点击右键,从弹出菜单中选择"选择性复制→线性的…",如图 4-63 所示。按照如图 4-64 所示填完对话框的内容,点击"复制"。模型中的所有柱如图 4-65 所示。

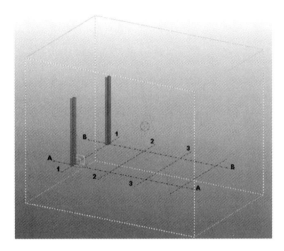

图 4-62　创建 1 轴的柱子

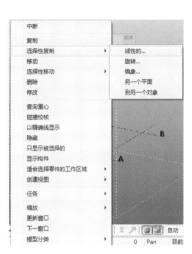

图 4-63　选择性复制

图 4-64　复制"线性的"

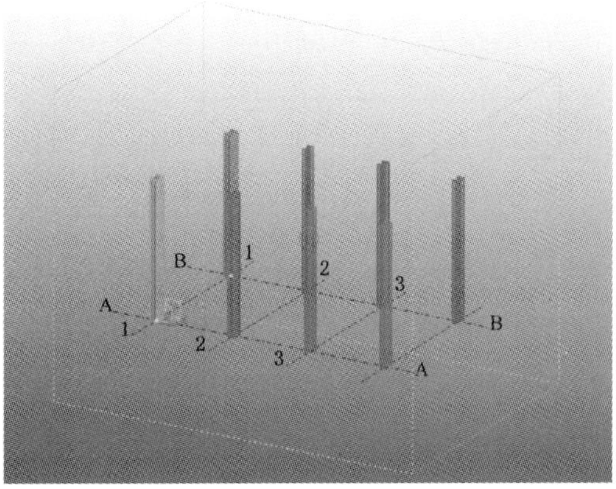

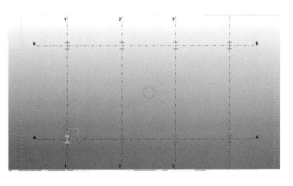

图 4-65　复制完成的柱子

4.4.5　创建梁

1. 创建轴线上的梁

首先,创建 3.000 m 标高处的主梁,单击 图标,打开 PLAN+3000 视图,如图 4-66 所示。然后,双击创建梁图标 ,弹出"梁的属性"对话框,如图 4-67 所示。

点击"截面型材"后的"选择…"按钮,打开"选择截面"对话框,选择 HM340 * 250 * 9 * 14 截面,如图 4-68 所示,依次单

图 4-66　PLAN +3000 视图

击"应用"、"确认"按钮。

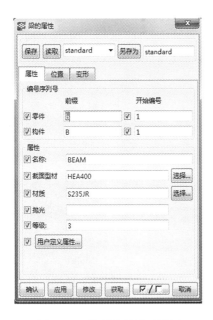

图 4-67 "梁的属性"对话框

图 4-68 "选择截面"对话框

按照图 4-69 所示填完"梁的属性"对话框并点击"应用"。按照图 4-70 所示完成对话框的"位置"选项页,点击"应用"。

图 4-69 填写梁的属性

图 4-70 梁的属性——位置

在 PLAN+3000 视图中,用鼠标左键依次单击 1 轴线与 A 轴交点和 B 轴交点,创建梁。

采用同一方法在轴线 2,3,4 处创建梁。完成的梁的平面视图如图 4-71 所示,三维视图如图 4-72 所示。采用同样方法创建 A 轴和 B 轴上的梁,完成后如图 4-73 所示。

2. 创建不在轴线上的梁

在程序窗口下方的"捕捉设定"工具栏中,确保右侧的两个主要的捕捉开关中只有"捕捉到参考线/点"被按下,捕捉到中点图标被按下,如图 4-74 所示。

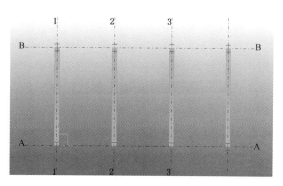

图 4-71　完成的梁的平面视图

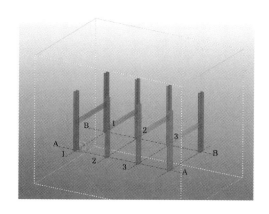

图 4-72　完成的梁的三维视图

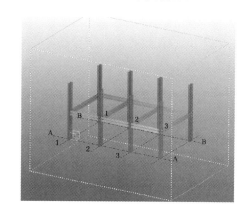

图 4-73　轴线上的梁完成

图 4-74　捕捉设定工具栏

双击模型中已有的一根梁,点击"应用"。启动梁的命令,点击轴线 A-1 和轴线 A-2 处梁的中点,然后点击轴线 B-1 和轴线 B-2 处梁的中点,如图 4-75 所示。

余下梁采用"选择性复制→线性的…"来创建。完成的梁的三维视图如图 4-76 所示。

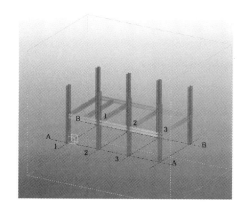

图 4-75　创建不在轴线上的梁

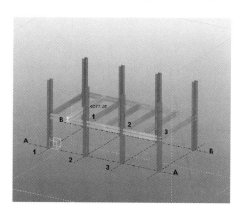

图 4-76　完成的梁的三维视图

3. 创建屋面斜梁

打开 Grid 1 视图,先单击＋6 000 标高和 A 轴的交点,再单击＋7 000 标高的中点,创建左半边的斜梁,然后再创建右半边的斜梁。完成的斜梁如图 4-77 所示。

可以采用复制的方法将其他柱顶的斜梁创建完成,搭建完成梁柱的模型如图 4-78 所示。

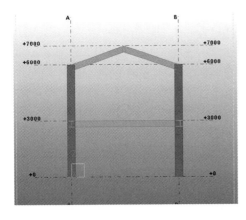

图 4-77　完成的斜梁

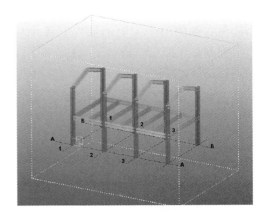

图 4-78　搭建完成梁柱的模型

4.4.6　创建屋面檩条

首先,设置工作平面,将屋面斜梁的顶面作为新的工作平面。然后,单击图 4-79 中"将工作平面设置为零件顶面"图标,再单击屋面斜梁,新的工作平面即创建为斜梁的顶面。这时会发现,新的坐标系箭头沿着斜梁方向,如图 4-80 所示。

按图 4-81 设置好梁的属性,注意截面型材的选用。

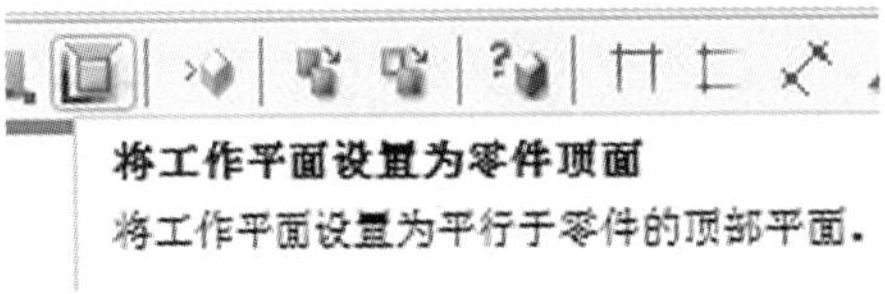

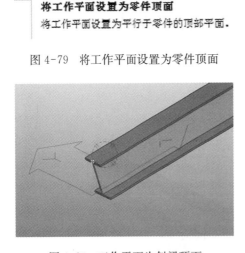

图 4-79　将工作平面设置为零件顶面

图 4-80　工作平面为斜梁顶面

图 4-81　设置梁的属性

按照图 4-82 设置梁的位置,其中在平面上和在深度的调整,可以确保檩条设置在斜梁顶部。

图 4-82　设置梁的位置

用创建梁的命令来创建檩条,先点取端跨斜梁的一点,然后找到往旁边斜梁的垂足。这样,垂直于屋面梁的檩条就创建完成,如图 4-83 所示。其余檩条采用复制命令即可完成。完成的檩条和框架如图 4-84 所示。

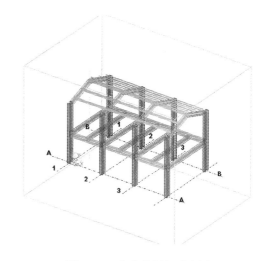

图 4-83　创建檩条　　　　　　　图 4-84　完成的框架示意图

4.4.7　创建节点

在 Tekla 中,节点都属于组件,所有可用的系统组件命令都在组件目录内,按下"Ctrl＋F"或单击节点工具条上的"望远镜"图标,可打开"组件目录"对话框,如图 4-85 所示。

当应用不熟悉的连接节点时,可以接受默认的属性设置并创建连接节点,然后检查需要修改的地方;也可以在浏览实际创建的连接节点模型前设置连接节点属性,但相比较而言,前者通常更快捷。

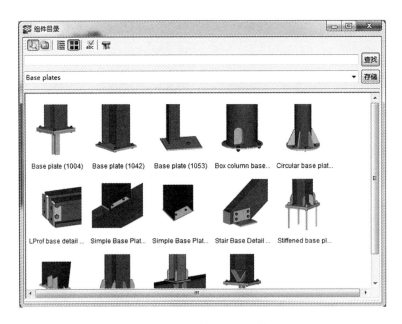

图 4-85 "组件目录"对话框

1. 柱脚节点

单击节点工具条上的"望远镜"图标或按下"Ctrl＋F",打开组件目录。

若想看到连接节点的图片,检查一下"短柱"图标是否处于激活状态,如图 4-86 所示。在上方的空白处输入"1004",点击"查找"按钮。然后,在组件目录中,双击"底板(1004)"图标,如图 4-86 所示,随即出现图 4-87 所示"底板(1004)"对话框。

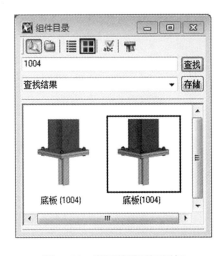

图 4-86 激活的"短柱"图标

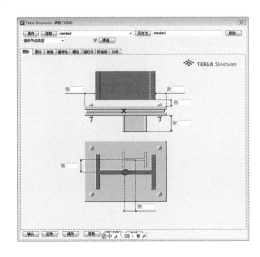

图 4-87 "底板(1004)"对话框

单击"确定",接受默认设置值,然后点击一根柱子。根据提示信息,选中柱子底端作为柱脚,即可创建柱底板,如图 4-88 所示。

2. 梁柱节点

我们使用端板(144)连接节点命令来创建梁与柱的连接节点。找到"端板(144)"连接节点(图 4-89),根据左下方提示信息,点击柱作为主组件,点击梁作为次组件,点击鼠标中键,完成节点创建,如图 4-90 所示。

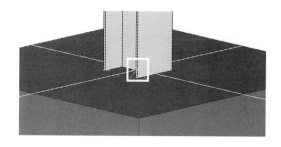

端板(144)

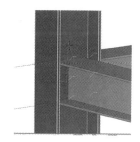

图 4-88　单击柱子　　　　图 4-89　端板(144)　　图 4-90　完成的节点

3. 梁梁节点

可使用单剪板(146),将次梁连接到主梁的腹板上。打开组件目录对话框("Ctrl+F"或"望远镜"),找到后双击"单剪板(146)"连接节点,如图 4-91 所示,双击该命令图标,随即出现"单剪板(146)"对话框,如图 4-92 所示。点击位于轴线 1 处的梁,作为节点的主梁,点击与主梁相垂直的梁作为次梁,连接节点随即被创建,如图 4-93 所示。

图 4-91　搜索到的单剪板

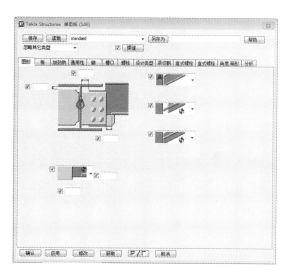

图 4-92　"单剪板(146)"对话框

4. 檩条与屋面梁节点

可使用冷弯卷边搭接(1),将檩条连接到屋面梁的上翼缘上。打开组件目录对话框("Ctrl+F"或"望远镜"),找到"冷弯卷边搭接(1)"连接节点,如图 4-94 所示,单击该命令图标,点击屋面斜梁,以作为节点的主零件;点击与主梁相垂直的檩条作为次零件,再按鼠标中键确认,连接节点随即被创建,如图 4-95 所示。完成节点后的模型如图 4-96 所示。

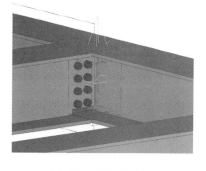

图 4-93　主次梁节点

冷弯卷边搭接

图 4-94 冷弯卷边搭接

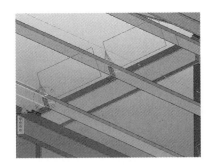

图 4-95 檩条节点

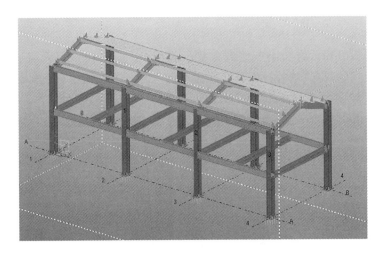

图 4-96 完成节点后的模型

檩条上可搭屋面板,由于屋面板和墙面板均属于围护结构体系,一般在设计阶段的结构模型中不予体现,仅仅将其当作恒载来考虑,故在建模时可不将其建入。在计算工程量时,围护结构的工程量一般按照面积来计取。

第 5 章　基于 Revit MEP 的 BIM 实践

5.1　Revit MEP 的界面

在图 5-1 所示的 Revit 2013 的主界面下单击"机械样板",就建立了一个机械样板的项目文件,如图 5-2 所示。

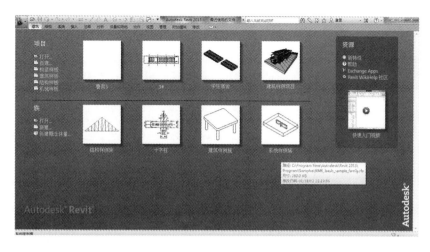

图 5-1　Revit 2013 主界面

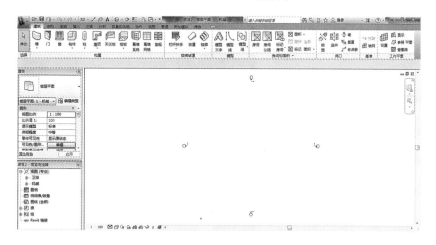

图 5-2　机械样板的项目界面

表面上看起来,建立机械样板的项目和建立建筑样板、结构样板的项目没有区别,但是从项目浏览器里面可以看出区别,如图 5-3 所示。

点"卫浴"节点可以看到如图 5-3 所示的情况,点"机械"节点可以看到如图 5-4 所示的情况。

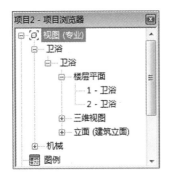

图 5-3　机械样板的项目浏览器

图 5-4　点开机械节点后

5.2　样板文件

Revit MEP 提供了 Electrical-Default CHSCHS. rte，Mechanical-Default CHSCHS. rte和Systems-Default CHSCHS. rte三个样板文件，分别为电气样板、机械样板和系统样板。分别用电气样板和机械样板建立两个项目，对比会发现电气样板文件预先并没有载入管道和管道系统的族，软件不能自动生成弯头和连接件。用机械样板新建的项目同样没有载入桥架系统的配件以及各种电气系统相关的族，如果手动载入工作量比较大。如果希望把水、电、暖各专业绘制在一个项目文件内，应该用 Systems-Default CHSCHS. rte 样板文件新建项目。因为 Systems-Default CHSCHS. rte样板文件预先载入了常用的大部分族，相应的样板文件也要比其他样板文件大。

在软件开始界面点击"新建"命令，软件弹出"新建项目"对话框，点击"浏览"按钮选择需要的样板文件新建项目（图 5-5、图 5-6）。

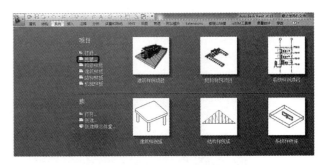

图 5-5　启动界面对话框

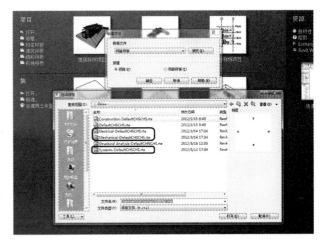

图 5-6　选择样板文件对话框

5.3　视图可见性、视图范围与基线

新建项目后，在项目浏览器对话框中可以看到相应的视图，如卫浴、机械、电气等。这些视图可以设置不同的可见性以满足使用要求。比如在项目浏览器中双击"卫浴"视图，打开

一层平面图,在键盘上输入"VV"或者在"视图"选项卡点击"可见性"命令,打开视图可见性对话框。可以看到卫浴规程内的楼层平面视图电气相关的族可见性被勾选掉了,相应的,在电气规程的视图中,卫浴相关的内容在楼层平面视图内不可见(图 5-7、图 5-8)。

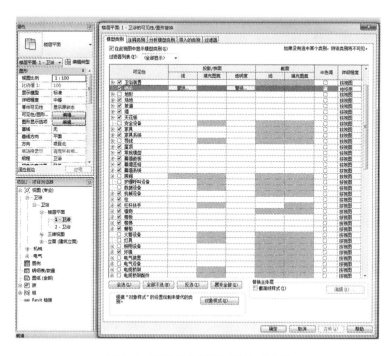

图 5-7　卫浴规程视图可见性对话框

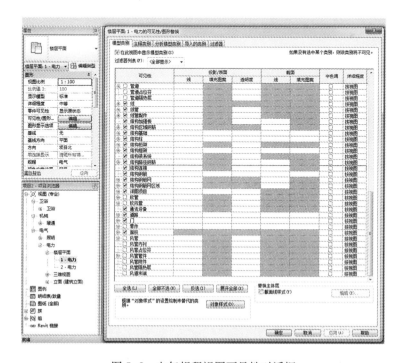

图 5-8　电气规程视图可见性对话框

可见性设置只能影响被打开的视图,也就是说每一个视图都有自己的视图可见性,互不干涉。

双击"Esc"键确保没有选中任何构件,在"实例属性"对话框中点击"视图范围"按钮。

可以看到对话框内有三个高度,顶、剖切面、视图深度,其中"顶"高度不能低于本楼层平面高度,但是可以比本楼层高度高。视图深度是可以灰显的低于剖切面的视图范围,不能高于剖切面,比如在一层楼层平面视图的"视图深度"可以是−2、−3层。剖切面同样不能设置到低于"视图深度"的范围。如果在绘制梁的时候调整楼层平面的视图范围,可以将剖切面的位置调整到梁截面的高度(图 5-9、图 5-10)。

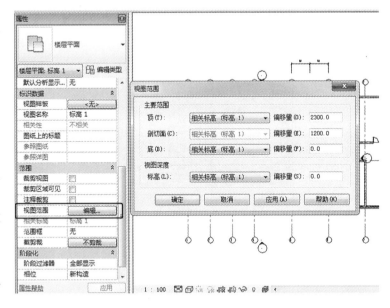

图 5-9 "视图范围"对话框

基线与基线方向也是常用的视图设置,打开二层楼层平面视图,按两次"Esc"键,确保没有选中任何构件。在"实例属性"对话框中选择"基线"为一层,"基线方向"为平面。此时一层、二层将重叠显示(图 5-11—图 5-13)。

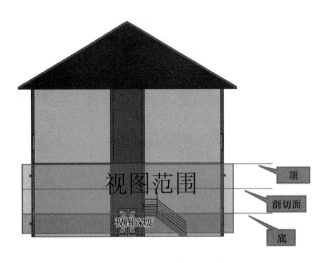

图 5-10 "视图范围"图解

图 5-11 基线与基线方向对话框

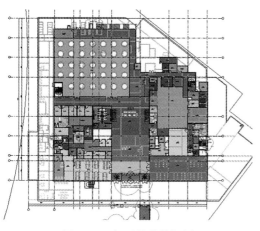

图 5-12　打开基线的视图

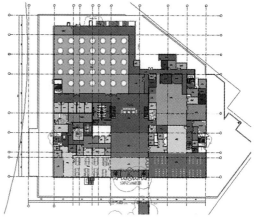

图 5-13　未打开基线的视图

5.4　链接 RVT 文件

点击"插入"选项卡,点击"链接 Revit"命令,将建筑专业的模型文件链接到项目中。定位方式选择"自动-中心到中心"即可,点击确定完成(图 5-14)。

图 5-14　链接选项卡

将文件链接到项目后可以保存文件位置,并且可以共享标高、轴网和项目所在地等信息,如图 5-16 所示。在"插入"选项卡中点击"管理链接"命令,在弹出的对话框中点选链接文件的文件名。点击对话框左下角的"保存位置"命令,当文件位置被保存后就不会再移动了(图 5-15)。

点击对话框中的"卸载"命令后,在项目中不会显示链接文件,但是此时链接文件仍然存在,点击"重新载入"后文件会重新载入。如果点击"删除"后,链接文件将直接从项目中删除,如需载入则要重新链接。

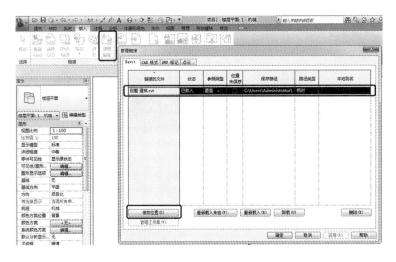

图 5-15　管理链接选项卡

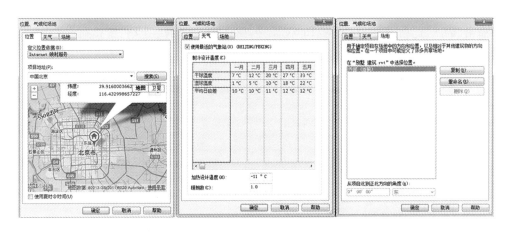

图 5-16　项目位置信息共享对话框

点击"管理"选项卡中"坐标"命令,在下拉菜单中有四个选项,其中,"获取坐标"是指从链接文件中得到链接文件的坐标位置、地理信息、气象信息,"发布坐标"是将项目文件中的位置信息发布到链接文件中共享。选择"获取坐标/发布坐标"后点击项目中的链接文件后就完成了位置信息的发布。项目位置信息关系到冷热负荷计算、用电量计算、建筑性能分析等,是设计工作中的基础信息(图 5-16)。

选中项目中的链接文件,在弹出的"修改"选项卡中点击"绑定链接"命令,在弹出的"绑定链接"选项卡中有三个复选框,其中"附着的详图"是指链接文件中的详图,不涉及出图可以不选择(图 5-17)。

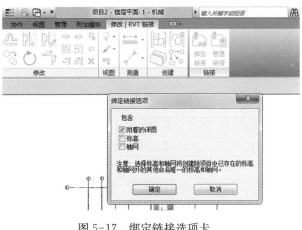

图 5-17　绑定链接选项卡

根据需要选择标高和轴网选项,如果需要复制和使用链接文件的标高和轴网可以勾选它们,点击确定后会弹出"重复类型"对话框。这是因为链接文件中有与项目文件相同的族,重复的族类型将会合并,直接点击确定即可(图 5-18)。

当项目绑定完成后会弹出警告,因为链接文件中的构件都已经载入到项目中了,所以链接文件已经失去了存在的意义。直接点击"删除链接"命令,将链接文件删除(图 5-19)。

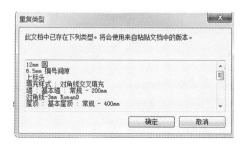

图 5-18　重复类型对话框

图 5-19　报错提示对话框

绑定链接后,链接文件变成了一个模型组,模型组解组后,可以对每一个构件进行操作(图 5-20)。

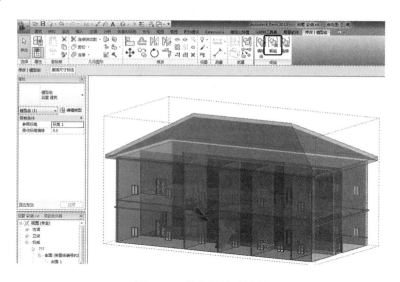

图 5-20　绑定链接对话框

5.5　标高与轴网

Revit MEP 的标高与轴网的绘制方式与 Revit Architecture 的绘制方式相同,此处不再赘述。如果有 Revit 建筑专业的项目文件可以直接将 RVT 文件链接到项目,监视并复制到 MEP 项目文件中。在复制链接文件轴网和标高前需要到立面图中将项目文件自带的标高 1 和标高 2 删除。

点击"插入"选项卡,点击"链接 Revit"命令,将建筑专业的模型文件链接到项目中。点击"协作"选项卡中"复制/监视"命令,在下拉菜单中点击"选择链接"命令。将鼠标指针移动到链接文件上,链接文件出现蓝色边框时点选。点击"复制命令"后框选链接文件,点击过滤器将其他构件全部勾选掉，只保留"轴网"并点击"确定"。此时已经完成了轴网的选择，点击"完成"按钮完成复制命令（图 5-21）。同学们可自行练习勾选"多个"的情况（图 5-22、图 5-23）。

图 5-21　"复制/监视"对话框

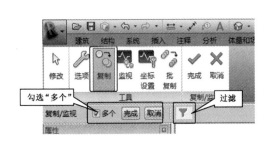

图 5-22　过滤器与选择多个

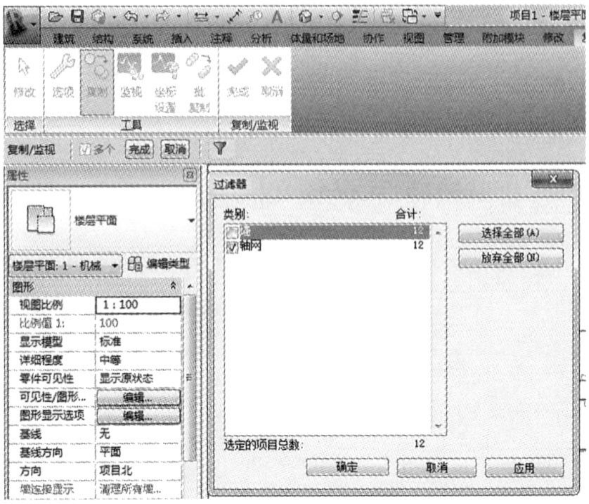

图 5-23　用过滤器选择轴网

5.6　房间、空间及颜色方案设置

Revit Architecture 所创建的项目文件链接到 MEP 项目文件中后，房间、空间的信息数据不能读取，需要在 MEP 项目文件中重新设置。选中链接文件在"实例属性"对话框，点击"编辑类型"命令，在弹出的对话框中勾选"房间边界"命令。Revit 项目文件中墙、柱等构件具有房间边界的属性，在构件的实例属性中可以选择是否作为房间边界。如果选择作为房间边界，计算建筑面积的时候将会把室内的柱占用的空间扣除。点击"建筑"选项卡，在"房间和面积"工具栏的下拉菜单中选择"面积和体积计算"命令，在对话框中选择计算房间的面积和体积（图 5-24、图 5-25）。

图 5-24　"房间和面积"对话框

在"建筑"选项卡"房间和面积"工具栏中点击"房间"命令,在"实例属性"对话框中选择"带面积房间标记"的房间标记族,将鼠标指针移动到房间内,房间边界将以蓝色边框的形式显示。放置房间标记前注意修改房间的计算高度,即实例属性中的"高度偏移"。也可以单独绘制一个标高,放置房间标记时将上限选择为需要的标高。因为许多建筑房间都有天花板,天花板内不需要考虑采暖和通风。点击鼠标左键放置。房间标记实际上是以三维空间的形态在项目中存在,图 5-26 中房间点击放置后房间的面积、周长、体积、计算高度将自动计算出来。房间放置完成后将房间名称改为需要的名字。

图 5-25 "面积和体积计算"对话框

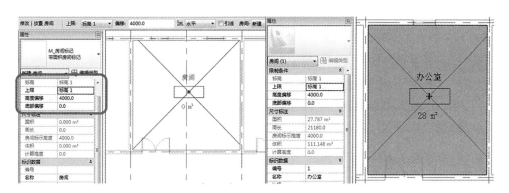

图 5-26 房间放置对话框

如果在项目中房间需要分割或者某个房间需要一分为二,在"房间和面积"工具栏中点击"房间分隔"命令绘制房间分割线。在绘制时注意不要将房间分割线与墙边线重叠,因为墙体具有房间边界属性,所以不能重合,否则软件会报错提示(图 5-27)。

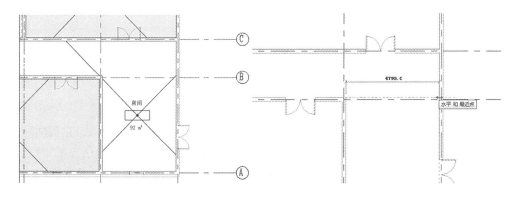

图 5-27 房间边界的分割

在项目中绘制一个剖面图并打开这个剖面,将鼠标指向房间内部,当显示房间标记时点选,这时房间的高度仍然可调(图 5-28)。

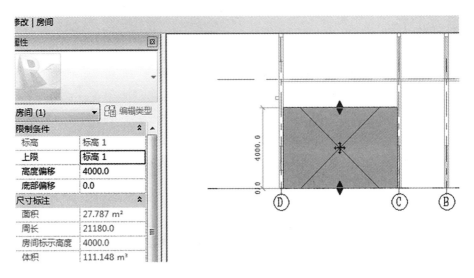

图 5-28 剖面视图下的房间标记

房间标记放置完成后设置颜色方案,不同名称、周长、部门的房间在平面图中会以不同的颜色填充。双击"Esc"键,在"实例属性"对话框中点击"颜色方案"按钮,弹出"编辑颜色方案"对话框,对方案类别和颜色分组依据进行选择,可以设置多个颜色方案。点击"注释"选项卡,"颜色填充图例"命令,将颜色图例放置在视图中(图 5-29)。

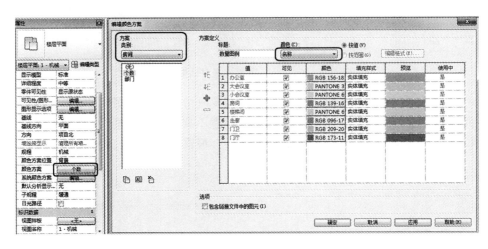

图 5-29 颜色方案设置对话框

"空间"的设置在"分析"选项卡中"空间和分区"的命令栏中,其操作方法与"房间"相同。完成空间的设置后,在视图"实例属性"中点击"颜色方案"按钮,在"编辑颜色方案"对话框中将方案类别设置为空间,选择"方案 1",方案定义"颜色"改为"周长"。可以根据不同的定义条件将方案定义设置成多种组合,当需要多种颜色方案同时存在时,需要在方案"类别"栏内新建多个方案名称并新建类别(图 5-30)。

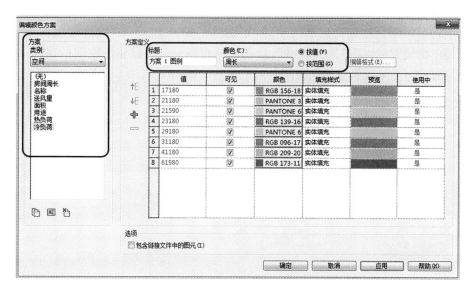

图 5-30 颜色方案对话框

"房间"设置完成后可以导出房间面积报告,房间面积报告可以以 HTML 的文件形式导出(图 5-31)。

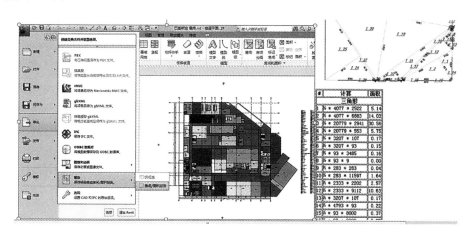

图 5-31 房间面积报告

5.7 分 析

Revit 分析选项卡中有结构、建筑和 MEP 的分析计算选项,本节介绍 MEP 部分的冷热负荷计算,冷热负荷计算需要在空间布置完成后进行。在"分析"选项卡中"报告和明细表"命令栏提供了比较实用的 5 种运算。"冷热负荷计算"是根据项目所在地的气象条件和建筑物的属性计算全年的制冷采暖能耗,"配电盘明细表"提供电力负荷的计算。"明细表/数量"的功能与项目浏览器中的"明细表/数量"的功能相同,用来统计项目文件中各种材料数量。"风管压力损失报告"和"管道压力损失报告"分别为暖通和水专业提供压力计算报告,作为设计参考。

在建筑模型的"空间"设置完成后点击"热负荷和冷负荷"命令后弹出对话框,在对话框中,显示半透明的绿色建筑物内部的空间,利用鼠标中键加"Shift"键进行旋转、缩放等预览,完成简单的设置后点击"计算软件",自动生成报告。只有设置了空间的房间才参与计算,从预览框中可见未设置空间的房间是灰色显示的(图 5-32、图 5-33)。

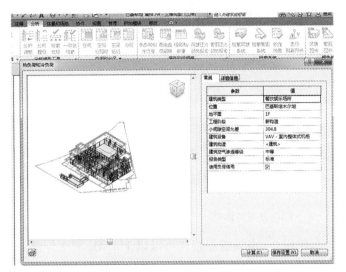

图 5-32　热负荷和冷负荷对话框　　　　　　图 5-33　负荷计算报告

5.8　通风空调系统的生成

在 Revit MEP 中创建通风空调系统时可以手动绘制,也可以选择以系统自动生成的方式完成模型的搭建。在软件的"系统"选项卡"HAVC"命令栏中可以看到绘制风管系统的各种命令,如果想在风管系统中添加风机盘管、风机等设备需要在"机械"命令栏中点击"机械设备"命令。

点击"HAVC"命令栏右下角的下拉箭头标记,弹出"机械设置"对话框(图 5-34、图 5-35)。

图 5-34　系统选项卡

在"机械设置"对话框中包含了通风空调系统的设置和管道系统的设置,这是因为许多通风空调系统的制冷、制热、加湿需要使用部分水系统的组成部分。比如空调处理机组(AHU)除需要连接风管外还要连接进水管、出水管,以满足其工作需求。在选择树中点击"干管"和"支管",可以对风管的偏移量和使用的风管类型进行设置,这将影响风管系统在自动生成后的形式。偏移量是指从绘制风管的工作平面到管道之间的距离,在对"支管"进行设置时注意根据需要选择"软风管类型"。系统中无软风管时风管支管与散流器、通风格栅之间的连接将使用矩形风管,如果在"支管"设置中将"软风管类型"设置为"圆形软风管"时,风管支管与散流器、通风格栅之间的连接采用软风管过渡(图5-36)。

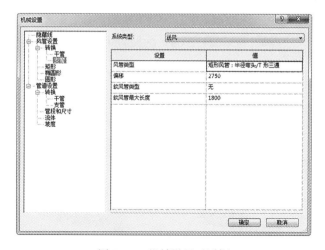

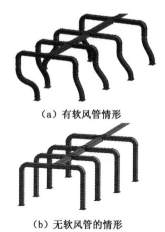

（a）有软风管情形

（b）无软风管的情形

图 5-35　机械设置对话框　　　　　图 5-36　有无软风管对比

图 5-37　图形替换对二维图形的影响

在项目浏览器中,点击"族"选项,选择"风管系统",可见有样板文件中预设的"送风"、"排风"和"回风"系统。在系统名称上双击可以打开系统的"类型属性"对话框并进行设置,这些设置将影响到通风系统在平面视图和三维视图中的显示。在"图形替换"选项对话框中可以设置线宽、颜色和系统的填充图案,这些设置将影响风管系统在二维平面视图中的显示。不同风管系统的"图形替换"要在各自的系统类型属性中分别设置。送风、回风、排风系统的材质可以分别设置。风管系统的材质设置完成后,系统中的所有风管、风管附件、风机、空调机组将被赋予相同的材质。不同的系统设置不同的线形和材质,可以方便进行区分和选择(图5-37、图5-38)。

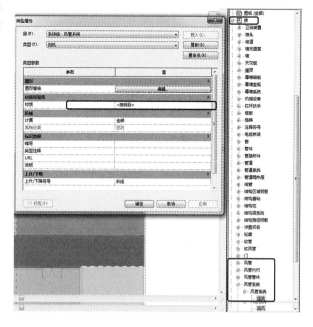

图 5-38　风管系统设置

视图的"详细程度"也影响到视图中的显示(图5-39)。

在"粗略"模式下视图中的管道单线显示,管道附件以图例符号的形式显示;在"中等"模式下视图中的管道以双线显示,管道附件以图例符号显示;在"精细"模式下二维视图中管道以双线显示,管道附件以三维实体模型显示(图5-40)。

图 5-39　视图详细程度

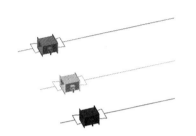

图 5-40　视图详细程度对显示的影响

使用 Revit MEP 绘制管线模型有两种方式:自动生成和手动绘制。软件自动生成布局是指在楼层平面中放置散流器、通风格栅、空调机组、风机,由软件自动生成布局后手动微调生成通风系统,优点是软件自行完成风管、弯头的绘制;手动绘制则是根据每一段的风管长度、尺寸依次绘制,工作量较大。

在楼层平面视图下点击"系统"选项卡"风道末端"命令,在"实例属性"对话框下拉菜单内可以看到有"送风散流器"、"回风格栅"、"排风格栅"。选择不同类型的族会生成不同类型的通风系统,如果在楼层平面内放置的是"送风散流器",则生成的系统就是送风系统;如果放置"排风格栅",生成的系统就是"排风系统"。选中放置的散流器后,点击"修改"选项卡中"创建系统"命令栏中的"风管"命令生成系统,系统名称可以自己命名(图 5-41、图 5-42)。

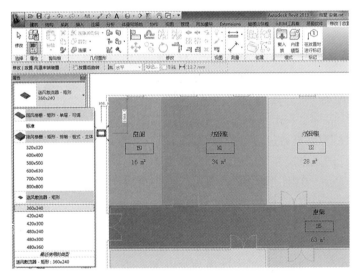

图 5-41　风道末端

在点击确定后送风散流器被蓝色的边框线包围,送风散流器组成了一个系统,但是此时送风系统的生成还没有完成。点击"修改"选项卡中的"生成布局"命令,进入布局解决方案界面(图5-43)。

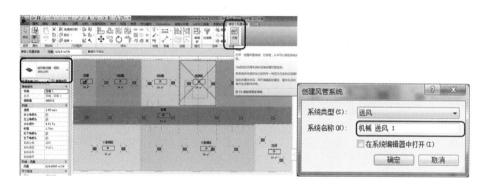

图 5-42　生成风管系统

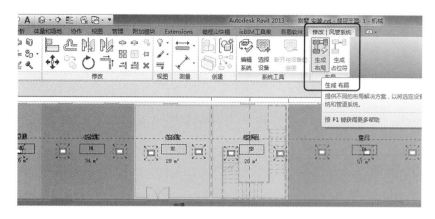

图 5-43　生成系统

在系统中预设的解决方案有 3 种类型，分别是"管网"、"周长"和"交点"，每种类型下面又有多个方案，"设置"按钮内提供的菜单可以设置干管和支管的标高以及风管弯头的优先采用类型。如果预设方案不满足要求，可以点击"编辑布局"手动修改，点击命令后可以更改干管和支管的位置和标高。

【注意】 散流器、设备与风管之间的空间过小将影响管件的生成（图 5-44—图 5-47）

图 5-44　解决方案

图 5-45　风管转换设置

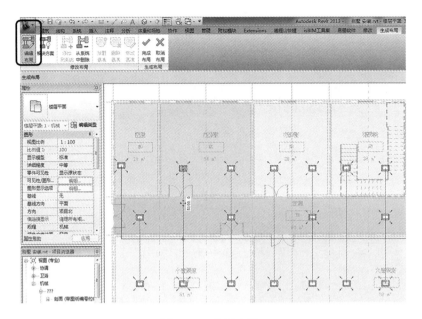

图 5-46　编辑布局

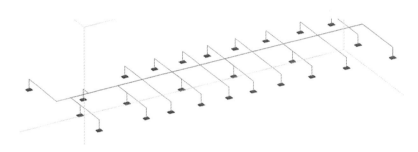

图 5-47　三维视图下显示的系统布局方案

因为 Revit 生成的管道是三维模型,弯头的圆心半径设置为风管宽度的 $1 \sim 1.5$ 倍,空间不足将无法生成弯头,或者导致弯头位置不正确。系统生成后仍然可以进行编辑,错误连接的管件删除后可以手动连接。选中送风散流器,点击"修改"选项卡中的"连接到"命令,点击需要与散流器连接的风管,生成的管道如不符合要求可以将弯头删除。选中"送风散流器",在其操作手柄上右键选择"软风管"命令,绘制软风管与三通连接(图 5-48、图 5-49)。

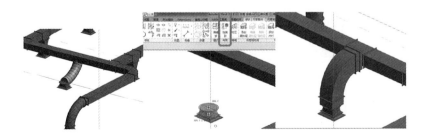

图 5-48　手动调整

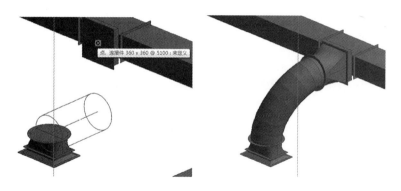

图 5-49　手动绘制软风管

软风管显示只有单线条的可以挪动散流器或者管道配件,增加软风管长度(图 5-50)。

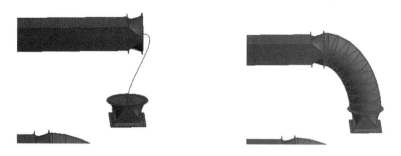

图 5-50　调整软风管长度

当手动绘制风管系统时,需要先确定好干管和支管的标高和选择管道标高的对正方式。管道标高对正方式是指管道高度从本层楼层标高开始计算,到管道的底部、中心还是管道上表面标高。点击"风管"命令后弹出"放置 风管"活动命令栏,可以设置风管的截面宽度和高度以及风管从楼层标高开始的偏移量(图 5-51)。

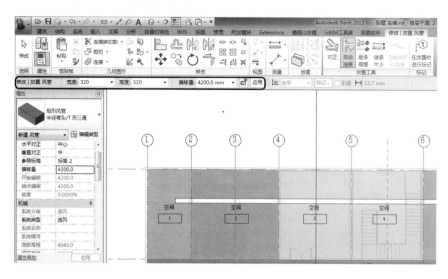

图 5-51　绘制风管对话框

风管在同一标高且相互交叉将会自动生成弯头，如果风管要求交叉但并不相交时，在交叉的位置绘制一段标高较高的管道，选中并拖拽操作手柄完成连接，这样即可完成风管的跨越（图 5-52）。

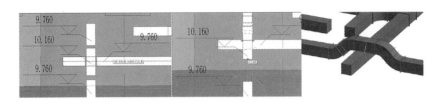

图 5-52　管道跨越

在楼层平面中放置空调机组、风机、散流器，单独选中图元，在"修改"选项卡中点击"连接到"命令，软件自动生成连接件将其连接到系统。使用"系统"选项卡中的"风管附件"命令可以将防火阀、管道堵头等附件载入到项目中，将鼠标指针指向管道，点击添加。

在风管系统中绘制立管需要更改偏移量，在绘制风管时不要结束绘制命令，在活动"修改"命令工具栏中将"偏移量"更改为需要的数值。如水平风管的"偏移量"为 4 200 mm，绘制完水平风管时不要结束命令，直接在"偏移量"一栏中输入标高"6200"并点击"应用"按钮，则可以绘制一根垂直向上的高度为 2 000 mm 的风管，如图 5-53 所示。

在项目的实际应用中，如果遇到椭圆、多面体等异形结构的建筑物时，将整个楼层的散流器一次全部放置后往往不能自动生成我们需要的风管系统布局。可以将楼层拆分成多个区域分别生成系统，最后连接到一起，可以利用自动生成系统的优势提高工作效率（图 5-54）。

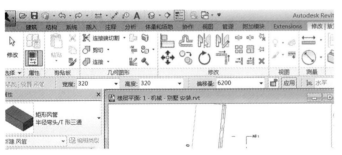

图 5-53　绘制垂直风管

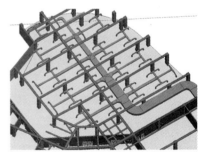

图 5-54　异形建筑生成风管系统布局

风管的对正方式有 9 种，可以按照需求选中全部或部分管道对正。选中需要对正的管道，在"修改"选项卡"编辑"命令栏点击"对正"命令。选择需要的对正方式，"控制点"控制对齐方向箭头移动到管道首尾（图 5-55—图 5-57）。

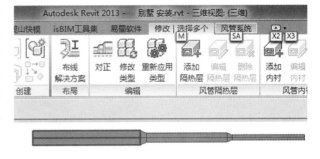

图 5-55　对正命令

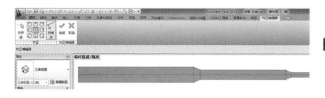

图 5-56　中部中对齐　　　　　　　　　　　图 5-57　上部中对齐

5.9　管道系统的生成

管道系统的生成与风管系统的生成方式类似,在 Revit MEP 软件中,系统的生成均可以类似的方式完成。在项目浏览器"族"文件夹下找到"管道"文件夹,可以看"管道类型"下软件预设了"PVC-U"和"标准"两种管道类型。两种管道类型如果不能满足使用要求,需要新建更多的管道类型,比如给水用的 PP-R 管、镀锌钢管等,选中任意一种管道,右键复制并重命名为"PPR",双击打开其类型属性对话框,对该类型的管道进行设置。编辑"布管系统配置",将管段改为相应的管段,弯头、连接件、四通、过渡件、活接头等需要先选中相应选项点击"载入族",在族库中载入相应的族。在"管道系统"文件夹下列举了 11 种预设的管道系统,如需更多系统可以以复制的形式新建。双击管道系统名称,在"类型属性"对话框中完成对管道系统的设置,设置方法同风管系统(图 5-58、图 5-59)。

图 5-58　编辑布管系统配置　　　　　　　　图 5-59　管道系统设置

在布管系统配置完成绘制管道时,会发现弯头半径并没有跟随管道的半径变化,这是因为弯头还没有设置 CSV 文件,无法实现参数化驱动。选中管件点击"实例属性"对话框中的"编辑类型",在弹出的"类型属性"对话框中"查找表格名"栏目中的下拉菜单中选择相应的 csv 文件即可(图 5-60、图 5-61)。

在"系统"选项卡"卫浴和管道"命令栏中点击"卫浴装置"命令,在楼层平面视图中放置座便器、洗脸盆、小便器、浴盆、水泵等用水设备。在放置族的过程中应当注意族的工作平面，面盆的工作平面是墙，所以选择了"放置在垂直面上"（图 5-62）。

图 5-60　缺少 CSV 文件

图 5-61　选择 CSV 文件

卫浴装置布置完成后全部选中，在"修改"选项卡"创建系统"命令栏点击"管道"命令生成管道系统，如图 5-63 所示，由于卫浴族一般具有多个控件而且每个控件属于不同的族类型分类，选中多个卫浴装置时会有多个系统可供选择。如项目中同时选中了"座便器"、"洗脸盆"、"浴盆"，在生成系统时可供选择的系统有"卫生设备"、"家用冷水"和"其他"3 个选项，如图 5-64 所示。如果只选择"洗脸盆"、"浴盆"，则有 4 个系统可供选择，这是因为"座便器"族中没有"家用热水"这一控件。

当生成管道系统布局"解决方案"时，点击"设置"，如图 5-65 所示，在"管道转换设置"对话框中选择对应的管道类型，如冷热水管可以采用 PPR 管，污水管可以采用"PVC-U 排水"、

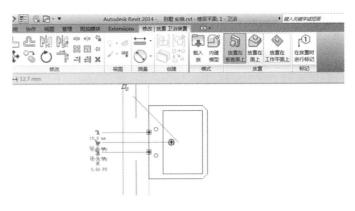

图 5-62　工作平面

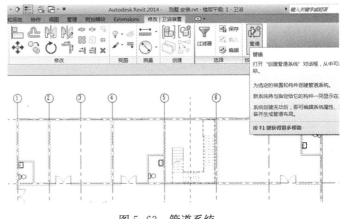

图 5-63　管道系统

"铸铁管",如图 5-66 所示。管道系统设置完成后,选择合适的"布局方案"生成系统,布局生成和修改方法同"风管系统"自动生成方法。

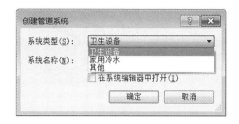

图 5-64 创建管道系统

图 5-65 解决方案

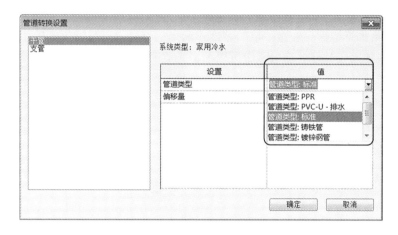

图 5-66 管道转换设置

由于"卫浴装置"有多个控件,再次选中这些已经组成了系统的族会发现,"创建系统"命令栏中的"管道"命令仍然可用。点击命令后在弹出的"创建管道系统"对话框中可以看到,可以创建的系统为"卫生设备"和"其他"。生成"卫生设备"管道系统时注意它的意思应该翻译为生活污水,污水管道的标高要低于楼层平面标高。在"设置"对话框中管道类型自动选择了铸铁管,默认偏移量为 0(图 5-67)。

图 5-67 管道转换设置

卫生设备管道系统生成完成后再次全部选中"卫浴装置",此时"修改"选项卡中"创建系统"命令栏中的"管道"命令不再出现。因为"座便器"族中只有"家用冷水"和"卫生设备"两个控件,"洗脸盆"、"浴盆"有"家用冷水"、"卫生设备"和"家用热水"三个控件。"座便器"族已经完成了系统的生成,所以在选择"卫浴装置"时不应再选择"座便器",否则"创建系统"命令栏不能出现。

选中"洗脸盆"和"浴盆"族,在"创建系统"命令栏中点击"管道"命令生成布局,在"设置"对话框中设置"管道类型"和"偏移量"(图 5-68)。

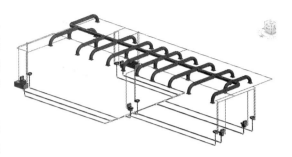

图 5-68 管道系统生成完成

手动绘制管道系统与手动绘制风管系统相似,点击"系统"选项卡中"管道"命令。在活动"修改"命令栏中设置管道"直径"和"偏移量",在"实例属性"对话框中选择"管道类型"和"垂直对正"。给水管道需要设置一定的坡度才满足检修需要,室内的管道为防止结露需要做保温层,选中管道在"修改"选项卡中可以编辑管道的坡度、添加管道保温层(图 5-69)。

图 5-69 编辑坡度

"添加隔热层"时可以在系统完成后进行,使用"Tab"键轮选选中家用冷水系统。使用"过滤器"选中管道和管件,此时点击"修改"选项卡中的"添加隔热层"命令即可(图 5-70)。

管道也可以调整"对正"方式,操作方法同风管"对正"命令操作。

5.10 消防喷淋系统

消防喷淋系统在 Revit MEP 中可以在"卫浴和管道"命令栏中一并完成操作,其中自动喷淋系统使用软件的"系统布局"功能自动生成效

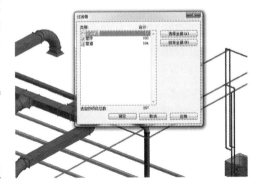

图 5-70 选中管道和管件

率较高,消火栓、消防箱使用软件自动生成功能则容易失败或者生成的布局不合理。出现这种现象很大程度上是因为管道直径太容易在生成管道时自相交,导致生成失败。在消防箱自动连接到管道时,管道经常在其正面生成挡住消防箱门,如果在疏散通道内会占用有效宽度。基于以上原因往往需要手动连接消防箱(图 5-71)。

在垂直于干管的方向绘制一根支管,点选"消防箱"后,点击"修改"选项卡下的"连接到"命令,点击刚刚绘制的支管消防箱被连接到系统上。注意支管绘制在消防箱一侧即可,与消防箱的距离可以缩小(图 5-72、图 5-73)。

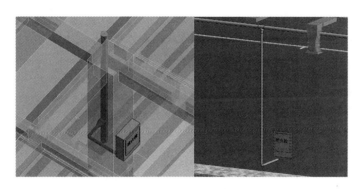

图 5-71 错误连接的消防箱

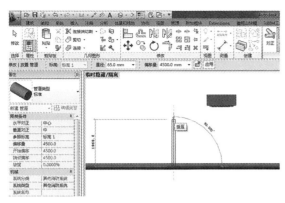

图 5-72 绘制支管　　　　　　　　　　　图 5-73 连接消防箱

自动喷淋系统可以先放置喷淋头,用"创建系统"命令栏中的"管道"命令生成喷淋系统。在生成自动喷淋系统时可以看到,软件并不能计算管道的直径。可以分区创建系统,最后将一层的喷淋系统手动绘制管道连接到一起(图 5-74)。

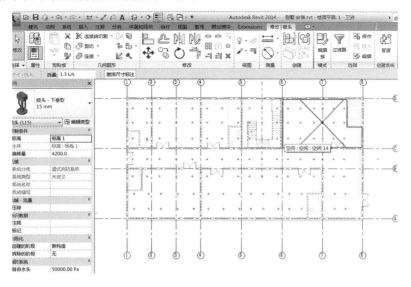

图 5-74 生成自动喷淋系统

5.11 视图可见性与过滤器

MEP 项目大多比较复杂,需要运用隐藏/隔离工具、过滤器、视图可见性来控制图元或者系统是否可见,以方便绘图。第 3 章中介绍的视图可见性、视图范围与视图基线,其中,视图范围和视图基线可以在二维平面图内控制视图的可见与否。视图可见性在二维、三维视图中均可以控制图元的显示和隐藏,应该注意每一个楼层平面视图、立面图、剖面图和三维视图都有自己的视图可见性。

在三维视图中将建筑构件全部隐藏掉,如果是链接文件在"插入"选项卡"管理链接"对话框中选中链接文件名称,点击链接卸载。如果是绑定链接则需要在"视图"选项卡中点击"视图可见性",在"可见性/图形替换"对话框中将墙、柱、梁、板、楼梯、门窗等构件的可见性全部勾选掉。

在视图"实例属性"对话框中如果使用视图样板并选择相应的样板后,视图范围、视图可见性、显示模式都将采用样板中的设置,如需手动调节则需要将视图样板选择为"无"(图 5-75)。

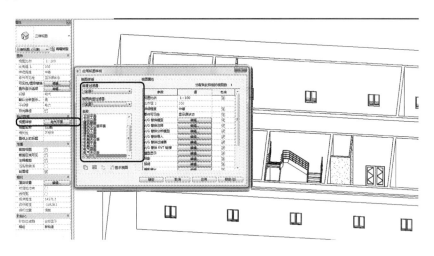

图 5-75 视图样板

在视图"实例属性"对话框中"图形显示选项"命令对话框中可以对三维视图的显示进行设置,对模型的显示样式、阴影、照明、摄影曝光、背景进行调节。如果将模型显示下的显示边勾选掉,模型在三维视图中不再显示边框线,这样可以提高运行效率(图 5-76)。

在三维视图下点击绘图区域左下角的"解锁三维视图"命令,三维视图另存为新的视图并

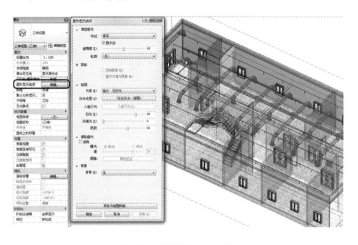

图 5-76 图形显示选项

被锁定,此时可以在三维视图中进行尺寸标注(图 5-77、图 5-78)。

在"可见性/图形替换"对话框中点击过滤器选项卡,点击"添加"命令,在"添加过滤器"对话框中选择需要的过滤器。如果预设的过滤器不满足使用要求,可以点击"编辑/新建"命令,建立符合使用条件的过滤器(图 5-79)。

图 5-77　锁定三维视图

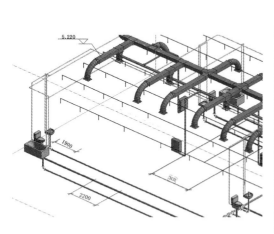

图 5-78　三维视图中标注

图 5-79　添加过滤器

当新建过滤器时,点击对话框中左下角"新建"命令,输入过滤器名称后确定。在对话框中的类别一栏中将系统中的族类型选中,湿式消防系统中的管道、管件、喷头等族类型一并勾选。过滤器规则中系统名称、族名称、类型名称设置过滤规则后就可以对特定的系统筛选,方便显示、查找和修改(图 5-80—图 5-82)。

图 5-80　新建过滤器

图 5-81　过滤器规则

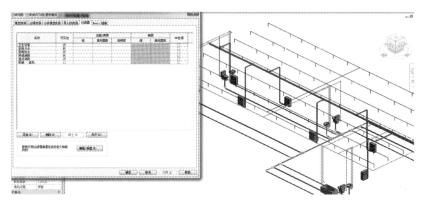

图 5-82　送风系统关闭

如果在过滤器中将送风系统可见性关闭后软风管、散流器仍然可见时,需要对过滤器进行编辑。打开过滤器对话框点击"编辑/新建"命令,选中"机械-送风"系统,在"类别"一栏中将软风管、散流器勾选(图 5-83)。

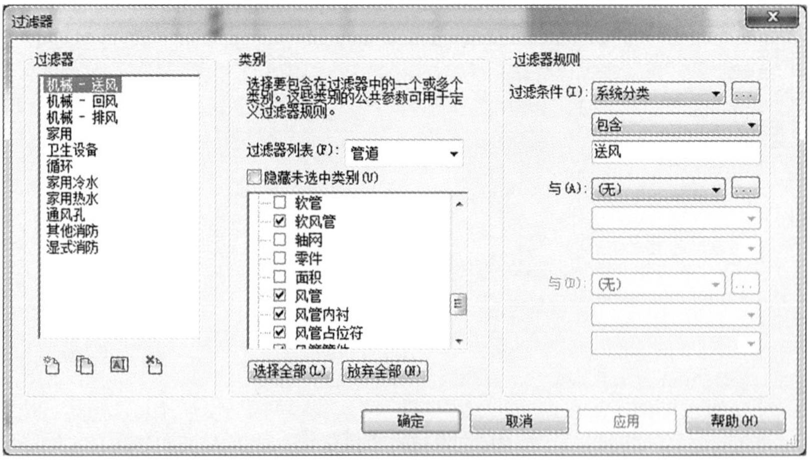

图 5-83　编辑过滤器

在建模时应注意,不同的系统尽量不要混用管道。在绘制管道前应当新建足够数量的管道类型,如果管道混用,在设置"过滤器规则"时会增加困难。比如喷淋系统和消火栓系统共用一种管道类型,又需要以管道类型使用过滤器规则时,两个系统会被同时打开或者关闭。

5.12　碰撞检查

Revit MEP 软件提供了碰撞检查功能,在"协作"选项卡中提供了"碰撞检查"命令。在下拉菜单中点击"运行碰撞检查"命令,弹出"碰撞检查"对话框。对话框分左右两栏,分别在"类别来自"下拉菜单中选择链接文件和项目文件中需要做碰撞检查的对象。如果链接文件已经绑定到项目中,则可以直接选择"当前项目"中的墙、柱、梁、板等建筑构件作为碰撞检查项目(图 5-84)。

图 5-84　碰撞检查

在选择对象时应当注意消防箱、座便器、洗脸盆这些族是基于工作平面的模型。暗装式消防箱需要剪切墙体,座便器、洗脸盆在捕捉墙体时有可能与墙体设置的装饰层重叠而产生碰撞,因此可以不勾选(图 5-85)。

图 5-85　碰撞检查对象

碰撞检查对象设置完成后点击"确定",软件计算完成后列出碰撞检查报告。在选择树中打开其中一个项目可以看到列出了相互碰撞的两个图元,选中其中一个碰撞项目,点击对话框左下角的"显示"命令,视图自动转到碰撞项目所在位置。点击对话框中的"导出"命令,将碰撞报告导出为HTML 格式文件。文件中详细列举了碰撞的项目和 ID 编号,在"管理"选项卡的"查询"命令栏中点击"按 ID 选择"命令可以输入 ID 编号查找图元。当项目文件比较大计算机性能有限时,可以选择在 Navisworks 里进行碰撞检查(图 5-86—图 5-88)。

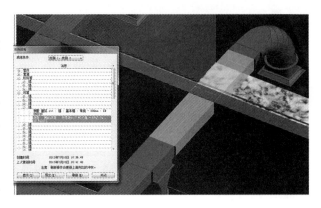

图 5-86   碰撞项目

冲突报告

冲突报告项目文件: G:\文档\MEP教程\别墅 安装.rvt
创建时间:2013年7月10日 10:36:49
上次更新时间:

	A	B
1	管道 : 管道类型 : PPR - 标记 30 : ID 653095	别墅 建筑.rvt : 墙 : 基本墙 : 常规 - 200mm : ID 259873
2	管道 : 管道类型 : PPR - 标记 31 : ID 653097	别墅 建筑.rvt : 墙 : 基本墙 : 常规 - 200mm : ID 259873
3	管件 : 变径管 - 热熔对接 - PE : 标准 - 标记 89 : ID 653099	别墅 建筑.rvt : 墙 : 基本墙 : 常规 - 200mm : ID 259873
4	管件 : 弯头 - 热熔承插 - PE : 标准 - 标记 90 : ID 653102	别墅 建筑.rvt : 墙 : 基本墙 : 常规 - 200mm : ID 259873
5	管道 : 管道类型 : PPR - 标记 32 : ID 653107	别墅 建筑.rvt : 墙 : 基本墙 : 常规 - 200mm : ID 259873
6	管道 : 管道类型 : PPR - 标记 37 : ID 653119	别墅 建筑.rvt : 墙 : 基本墙 : 常规 - 200mm : ID 259873
7	管道 : 管道类型 : PPR - 标记 38 : ID 653121	别墅 建筑.rvt : 墙 : 基本墙 : 常规 - 200mm : ID 259873
8	管道 : 管道类型 : PPR - 标记 39 : ID 653123	别墅 建筑.rvt : 墙 : 基本墙 : 常规 - 200mm : ID 259873
9	管件 : 变径管 - 热熔对接 - PE : 标准 - 标记 95 : ID 653134	别墅 建筑.rvt : 墙 : 基本墙 : 常规 - 200mm : ID 259873
10	管件 : 弯头 - 热熔承插 - PE : 标准 - 标记 96 : ID 653136	别墅 建筑.rvt : 墙 : 基本墙 : 常规 - 200mm : ID 259873
11	管件 : 弯头 - 热熔承插 - PE : 标准 - 标记 98 : ID 653140	别墅 建筑.rvt : 墙 : 基本墙 : 常规 - 200mm : ID 259873
12	管道 : 管道类型 : PPR - 标记 40 : ID 653144	别墅 建筑.rvt : 墙 : 基本墙 : 常规 - 200mm : ID 259873
13	管道 : 管道类型 : PPR - 标记 41 : ID 653146	别墅 建筑.rvt : 墙 : 基本墙 : 常规 - 200mm : ID 259873
14	管道 : 管道类型 : PPR - 标记 42 : ID 653148	别墅 建筑.rvt : 墙 : 基本墙 : 常规 - 200mm : ID 259873
15	管件 : 变径管 - 热熔对接 - PE : 标准 - 标记 100 : ID 653154	别墅 建筑.rvt : 墙 : 基本墙 : 常规 - 200mm : ID 259873
16	管件 : 弯头 - 热熔承插 - PE : 标准 - 标记 101 : ID 653156	别墅 建筑.rvt : 墙 : 基本墙 : 常规 - 200mm : ID 259873
17	管件 : 弯头 - 热熔承插 - PE : 标准 - 标记 103 : ID 653160	别墅 建筑.rvt : 墙 : 基本墙 : 常规 - 200mm : ID 259873
18	管道 : 管道类型 : PPR - 标记 43 : ID 653164	别墅 建筑.rvt : 墙 : 基本墙 : 常规 - 200mm : ID 259873
19	管道 : 管道类型 : PPR - 标记 44 : ID 653166	别墅 建筑.rvt : 墙 : 基本墙 : 常规 - 200mm : ID 259873
20	管件 : 变径管 - 热熔对接 - PE : 标准 - 标记 105 : ID 653172	别墅 建筑.rvt : 墙 : 基本墙 : 常规 - 200mm : ID 259873
21	管件 : 弯头 - 热熔承插 - PE : 标准 - 标记 106 : ID 653174	别墅 建筑.rvt : 墙 : 基本墙 : 常规 - 200mm : ID 259873
22	管件 : T形三通 - 热熔对接 - PE : 标准 - 标记 142 : ID 653320	别墅 建筑.rvt : 墙 : 基本墙 : 常规 - 200mm : ID 259873

图 5-87   导出的碰撞检查报告

图 5-88   按 ID 选择

第6章　基于 MagiCAD 的 MEP 实践

6.1　MagiCAD 的安装

6.1.1　安装前的准备

安装 MagiCAD 程序之前,应首先确定以下事宜:

1. 当前用户账户是否具备管理员权限?

安装或卸载 MagiCAD 程序的时候,需要计算机的当前用户账户具备管理员权限,如果不具备管理员权限,将有可能造成无法正常安装。

2. 电脑上是否已经安装了 AutoCAD 2010 或更高版本的 AutoCAD 程序?

如果没有安装,需先安装 AutoCAD。MagiCAD for AutoCAD 支持 AutoCAD 2010 至 AutoCAD 2013 平台,包括对应版本的 AutoCAD、AutoCAD Architecture 和 AutoCAD MEP 等。

3. 电脑上安装的 AutoCAD 程序,是否为完整版本?

AutoCAD 完整版本才包含 MagiCAD 运行所需的内容,LT 版或其他非完整版都无法正常运行 MagiCAD 程序。

4. 电脑上是否安装了多个版本 AutoCAD 程序?

例如同时安装了 AutoCAD 2010 和 AutoCAD 2012。如果安装了多个版本的 Auto-CAD 程序,在安装 MagiCAD 程序前,需先启动希望应用 MagiCAD 程序的 AutoCAD,然后关闭,再安装 MagiCAD 程序。此时,MagiCAD 程序将安装到最后一次启动的这个 Auto-CAD 平台上。

5. 电脑所采用的操作系统有要求吗?

如果是 32 位操作系统(如 Windows XP 或 32 位的 Vista、Windows 7),需选择安装对应的 32 位的 MagiCAD 程序;如果是 64 位操作系统(如 64 位的 Vista 或 Windows 7),需安装对应的 64 位的 MagiCAD 程序。

6.1.2　安装 MagiCAD for AutoCAD

下载对应版本的 MagiCAD 压缩安装包,压缩包中包括两个文件,一个是 MagiCAD 的安装程序,另一个是英文的安装说明文件,解压缩后如图 6-1 所示。

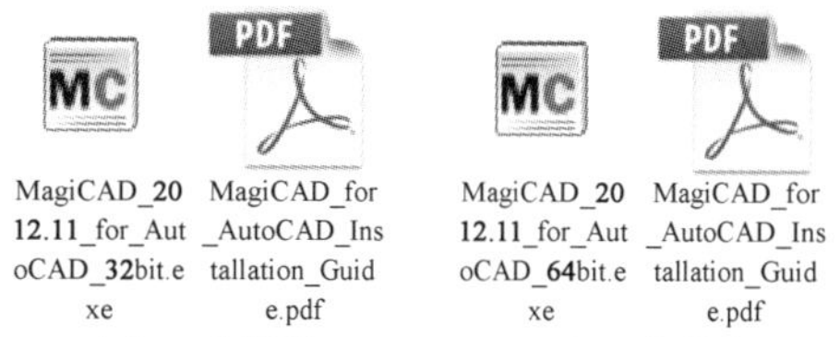

运行安装程序,开始进行安装。安装过程中如果选择"Complete",软件会自动安装 MagiCAD 及 Product Modeller(产品库制作器)两个组件;如果选择"Custom",则会进入组件选择界面,如图 6-2 所示。

MagiCAD_20
12.11_for_Aut
oCAD_32bit.e
xe

MagiCAD_for
_AutoCAD_Ins
tallation_Guid
e.pdf

MagiCAD_20
12.11_for_Aut
oCAD_64bit.e
xe

MagiCAD_for
_AutoCAD_Ins
tallation_Guid
e.pdf

(a) 32位程序　　　　(b) 64位程序

图 6-1　压缩包中的文件

在这里，可以选择需要安装的组件，推荐在安装 MagiCAD for AutoCAD 的同时也安装 MagiCAD Product Modeller，以方便以后使用。安装过程中注意语言的选择。建议选择中文。安装结束后，桌面上会多出一个 MagiCAD 的快捷方式文件夹 。该文件夹内包含了 5 个与 MagiCAD 相关的快捷方式。如果在桌面上看到了该文件夹，则表示 Magi-CAD for AutoCAD 软件安装成功。

图 6-2　组件选择界面

6.1.3　MagiCAD for Revit 安装流程

6.1.3.1　安装 MagiCAD 程序之前的确认

1. 电脑上是否已经安装了 Revit MEP 2013 程序？

如果没有安装，请先安装 Revit MEP 2013。MagiCAD v2012.11 for Revit 仅支持 Revit MEP 2013 平台。

另外，需要特别注意，在安装 Revit MEP 2013 时是否勾选了 US Metric 选项。

运行 Revit 2013 的安装程序，进入配置安装界面（图 6-3），点击标识中的下拉菜单，在默认已勾选的选项基础上，勾选 US Metric 的选项（图 6-4），即可进行后续安装。如安装时未能勾选 US Metric 选项，有可能需要重新安装 Revit 2013 程序。如果看不到如图 6-4 所示的界面，说明安装的不是完整版的 Revit 2013，需使用完整版 Revit 2013 的安装包进行安装。

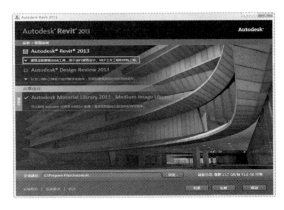

图 6-3　Revit 安装

图 6-4　勾选 US Metric 选项

2. 安装文件除了 32 位程序和 64 位程序之外，还有一个压缩包，是什么文件？

MagiCAD for Revit 的安装程序一共有 3 个压缩包，其中，有 2 个是主程序安装包，分别是"MagiCAD_2012.11_for_RME2013_single_exe_32bit"和"MagiCAD_2012.11_for_RME2013_single_exe_64bit"，分别对应 32 位和 64 位的安装程序；还有 1 个是中国本地化文件，文件名为"MagiCAD_2012.11_for_Revit_MEP_2013_Chinese_Files"，包括 Revit MEP 2013 的模板和 MagiCAD for Revit MEP 的模板。

6.1.3.2　安装 MagiCAD for Revit

下载对应版本的 MagiCAD 压缩安装包，压缩包中包括两个文件，一个是 MagiCAD 的安装程序，另一个是英文的安装说明文件，解压缩后如图 6-5 所示。

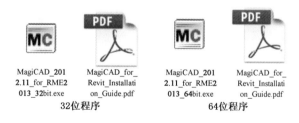

图 6-5　解压缩后的文件

运行安装程序，开始进行安装。

安装结束后，桌面上会多出一个 MagiCAD 的快捷方式文件夹，该文件夹内包含了 3 个与 MagiCAD for Revit 相关的快捷方式，此时说明 MagiCAD for Revit 软件已经安装成功。

因为 MagiCAD 软件在客户端安装程序上没有试用版、单机版或网络版的区别，所以上述内容适用于所有授权形式的 MagiCAD 客户端程序的安装。

6.1.3.3　授权码的激活与注销

在桌面上 MagiCAD 的快捷方式文件夹里的 Tools 文件夹内找到授权管理程序快捷方式，双击运行，即可弹出如图 6-6 所示 MagiCAD 客户端授权管理程序的主界面。

（1）General 选项卡：试用或单机授权码的激活、网络授权所在服务器的 IP 地址（或计算机名称）等，可以在这里进行设定，界面如图 6-6 所示。

（2）Stand Alone License Export / Return 选项卡：已激活单机或试用授权的状态查看、授权码的导出，可以在这里进行设定，界面如图 6-7 所示。

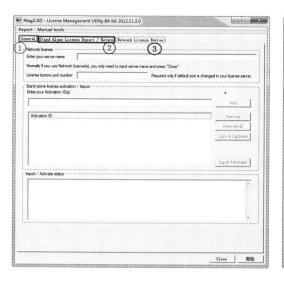

图 6-6　授权管理程序主界面

图 6-7　设定授权码

如果电脑连接到了互联网,授权码可以直接进行在线的激活与注销。授权码的在线激活方式为:进入 General 选项卡,将授权码填写到 Enter your Activation ID(s) 下面的空白位置,然后单击 Add ,授权码会添加到下面的 Activation ID 栏中,如图 6-8 所示。选择该栏中任意一个码,单击 Import / Activate ,经过短暂的等待之后,即可完成栏中所有授权码的激活,并在下方显示如图 6-9 所示的提示。

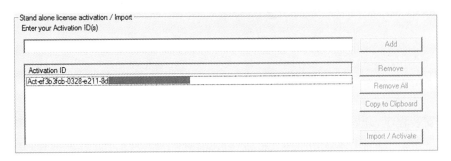

图 6-8　添加授权码

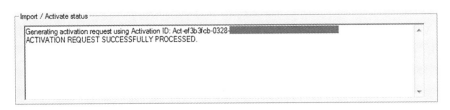

图 6-9　激活的授权码

进入 Stand Alone License Export / Return 选项卡,可以看到已经激活的授权码状态,如图 6-10 所示。选择需要导出的授权码,点击 Export / Return 按钮,经过短暂的等待之后,即可完成授权码的导出,并在下方显示如图 6-11 所示的提示。

图 6-10　已经激活的授权码状态

图 6-11　完成授权码导出的提示

6.2　MagiCAD for AutoCAD 介绍

6.2.1　MagiCAD for AutoCAD 主要功能模块介绍

6.2.1.1　MagiCAD 模块划分

1. 以平台划分

以平台划分,分为 MagiCAD for AutoCAD 和 MagiCAD for Revit 两个版本。

2. 以模块划分

(1) MagiCAD for AutoCAD 包括：MagiCAD Ventilation，MagiCAD Heating & Piping，MagiCAD Sprinkler Designer，MagiCAD Room，MagiCAD Electrical。

(2) MagiCAD for Revit 包括：MagiCAD Ventilation，MagiCAD Heating & Piping，MagiCAD Electrical。

6.2.1.2　MagiCAD Ventilation(通风系统)功能介绍

MagiCAD 风系统设计模块包含大量的计算功能，例如流量叠加计算、管径选择计算、水力平衡计算、噪声计算和材料统计。当绘制好风系统的轮廓后，只需点击几次鼠标，就可以进行计算了。

1. 一次操作，同时形成一维、二维、三维模型

一次绘图，即可同时生成一维、二维和三维的模型，如图 6-12 所示。

图 6-12　一次生成三种模型

2. 可自定义规则的管道水力计算

使用者可自定义水力计算的规则，应用于不同类型的项目，如图 6-13 所示。

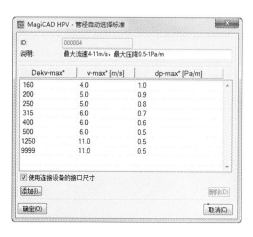

图 6-13　自定义水力计算

3. 庞大完善的产品数据库

包含了数十万种产品数据库的数据。既包括来自真实生产厂家的产品，也包括使用者自己扩充的产品，如图 6-14 所示。

图 6-14　产品数据库

4. 可视化的设备工作状态点

进行计算，即可获得设备的准确工作状态点，作为现场调试的参考依据，如图 6-15 所示。

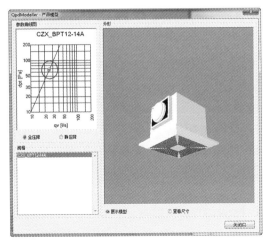
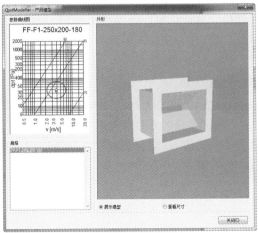

图 6-15   可视化的设备工作状态点

5. **强大的碰撞检测功能**

除了可以进行硬碰撞检测,还可以进行软碰撞(安装间距)检测,更可以进行和任意实体的碰撞检测,如图 6-16 所示。

6. **高效的编辑功能**

利用 MagiCAD 的高效编辑功能,甚至可以实现"先画后改"的功能,其效率远高于"边画边改"。编辑工具如图 6-17 所示。

7. **灵活的视图处理功能**

利用视图处理功能既可以实现传统施工图中遮挡断线的处理,又可以满足一些原来靠图层控制才能实现的出图控制,如图 6-18 所示。

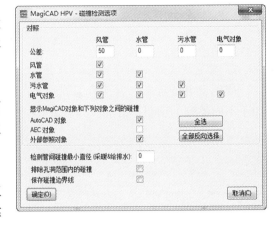

图 6-16   碰撞检测

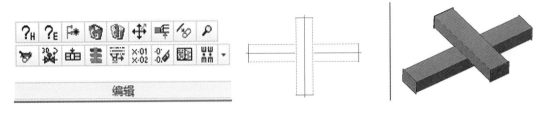

图 6-17   编辑工具

图 6-18   灵活的视图处理功能

8. **精确的材料统计**

根据 BIM 模型,可以自动生成详实的材料清单,如图 6-19 所示。

9. **便捷的剖面生成功能**

剖面生成功能可以自动生成指定位置的剖面,当平面图调整时,对应剖面可自动更新,如图 6-20 所示。

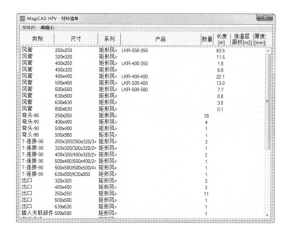

图 6-19　材料统计功能

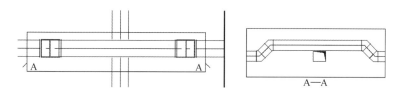

图 6-20　便捷的剖面生成功能

6.2.1.3　MagiCAD Heating＆Piping(采暖 & 给排水)系统介绍

MagiCAD 水系统设计模块能够对采暖、制冷、空调水、给排水、污水系统、消防喷淋以及特殊系统进行设计和计算。

通过 MagiCAD 水系统设计模块可以同时绘制多条管道,而且还具有连接散热器的功能,这样设计师不再需要去绘制每一条管道,大大节省了设计时间。

MagiCAD 水系统设计模块中包含了管径自动选择计算和系统平衡计算的功能,它还可以从制造商产品系列中选出最适合的散热器。

1. 一次操作,同时形成一维、二维和三维模型

一次绘图,即可同时生成一维、二维和三维的模型,如图 6-21 所示。

图 6-21　一次生成三种模型

2. 可自定义规则的管道水力计算

使用者可自定义水力计算的规则,应用于不同类型的项目,如图 6-22 所示。

3. 可自定义规则的喷洒管径选择计算

使用者可自定义喷洒管径选择标准,应用于不同防火等级的要求,如图 6-23 所示。

4. 庞大完善的产品数据库

包含了数十万种产品数据库的数据。既包括来自真实生产厂家的产品,也包括使用者自己扩充的产品,如图 6-24 所示。

图 6-22　自定义水力计算的规则　　　　图 6-23　自定义喷洒管径选择标准

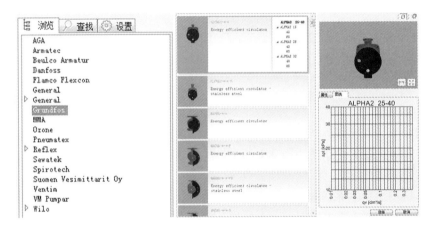

图 6-24　产品数据库

5. 可视化的设备工作状态点

进行计算,即可获得设备的准确工作状态点,作为现场调试的参考依据,如图 6-25 所示。

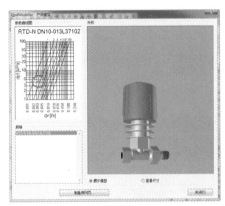
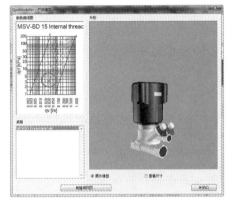

图 6-25　可视化的设备工作状态点

6. 强大的碰撞检测功能

除了可以进行硬碰撞和软碰撞(安装间距)的检测,还可以进行和任意实体的碰撞检测,更可以根据用户设定,忽略小管道引起的碰撞,如图 6-26 所示。

7. 高效的编辑功能

利用 MagiCAD 的高效编辑功能可以实现"先画后改"的功能。编辑工具如图 6-27 所示。

8. 灵活的视图处理功能

利用视图处理功能既可以实现传统施工图中遮挡断线的处理,又可以满足一些原来靠图层控制才能实现的出图控制,如图 6-28 所示。

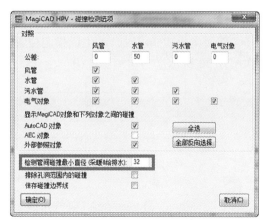

图 6-26　碰撞检查

图 6-27　编辑工具

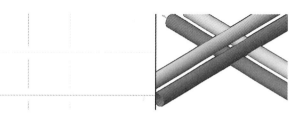

图 6-28　灵活处理视图

9. 精确的材料统计

根据 BIM 模型,可以自动生成详实的材料清单,如图 6-29 所示。

类别	尺寸	系列	产品	数量	长度 [m]	保温层 面积[m2]	厚度 [mm]
水管	12	PE-X			125.8		
水管	16	PE-X			103.3		
水管	20	PE-X			8.2		
水管	25	PE-X			1.4		
水管	32	PE-X			32.2		
弯头-90	12	PE-X		92			
弯头-90	16	PE-X		20			
弯头-90	32	PE-X		2			
T-连接-90	12/12	PE-X		30			
T-连接-90	12/12/16	PE-X		4			
T-连接-90	16/16/12	PE-X		2			
T-连接-90	16/16	PE-X		2			
T-连接-90	20/20/16	PE-X		2			
T-连接-90	20/20/25	PE-X		2			
T-连接-90	32/32/32	PE-X		2			
变径连接	16/12	PE-X		4			
变径连接	20/16	PE-X		4			
变径连接	32/25	PE-X		2			
散热器		SR-01	RAD-628	1			
散热器		SR-01	RAD-910	21			
区域阀	15	QY-02	MSV-BD 15 Internal thread	6			
散热器阀门	10	FM-04	RTD-N DN10-013L37102	22			

图 6-29　材料统计功能

10. 便捷的剖面生成功能

剖面生成功能可以自动生成指定位置的剖面,当平面图调整时,对应剖面可自动更新,如图 6-30 所示。

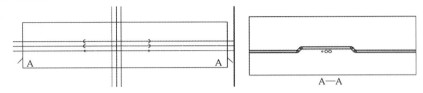

图 6-30　生成剖面功能

6.2.1.4　MagiCAD Electrical(电气系统)系统介绍

1. 一次操作,同时形成二维和三维模型

一次绘图,即可同时生成二维和三维的模型,如图 6-31 所示。

图 6-31　一次生成三种模型

2. 庞大完善的产品数据库

包含了数十万种产品数据库的数据。既包括来自真实生产厂家的产品,也包括使用者自己扩充的产品,如图 6-32 所示。

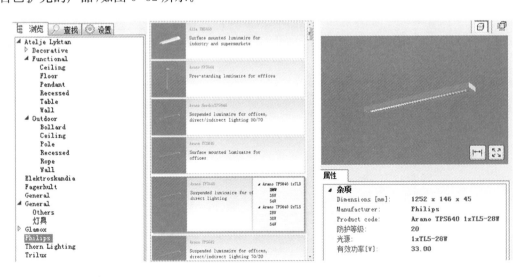

图 6-32　产品数据库

3. 开放的图标设定

用户可以将现有的电气二维图标,转化为 MagiCAD 软件电气模块的二维图标;而任意的三维模型，也可以直接转化成 MagiCAD 软件电气模块的三维实体。

4. 强大的碰撞检测功能

除了可以进行硬碰撞检测和软碰撞（安装间距）检测，可以进行和任意实体的碰撞检测，如图 6-33 所示。

图 6-33　碰撞检查

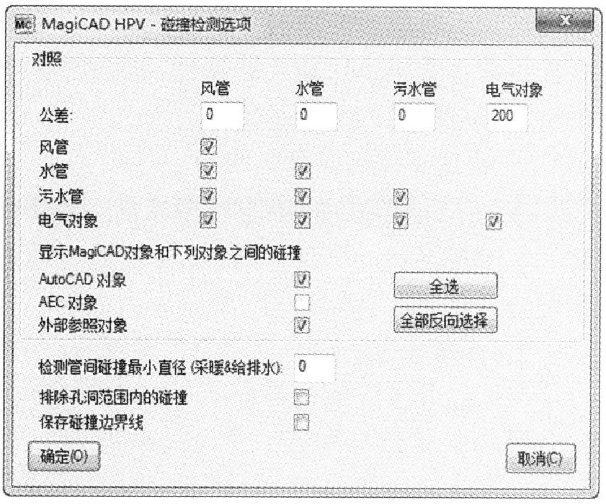

5. 精确的材料统计

根据 BIM 模型，可以自动生成详实的材料清单，如图 6-34 所示。

6. 便捷的剖面生成功能

剖面生成功能可以自动生成指定位置的剖面，当平面图调整时，对应剖面可自动更新，如图 6-35 所示。

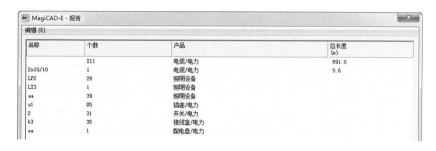

7. 快速的系统图功能

根据 MagiCAD 软件形成的电气专业 BIM 模型，可以直接生成配电盘原理图。当平面图发生修改时，可以对平面图和配电盘原理图进行比对更新，如图 6-36 所示。

MagiCAD-E - 报告

编辑 (E)

名称	个数	产品	总长度 (m)
	211	电缆/电力	691.0
2x10/10	1	电缆/电力	5.6
LP2	28	照明设备	
LT3	1	照明设备	
aa	39	照明设备	
s1	85	插座/电力	
2	31	开关/电力	
b3	35	接线盒/电力	
aa	1	配电盘/电力	

图 6-34　材料统计

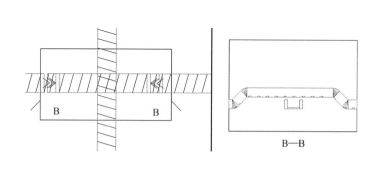

图 6-35　剖面功能

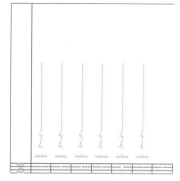

图 6-36　直接生成配电盘原理图

6.2.1.5　MagiCAD Room(智能建模)系统介绍

MagiCAD 智能建模简化了它和 MagiCAD 系列中不同模块以及其他建筑软件之间的协作。使用 MagiCAD 智能建模可以创建三维建筑模型。

这个三维模型是所有计算的基础,是基于建筑的真实几何形状和技术特性创建的。该软件目前包含了热负荷计算功能,能够创建针对房间的材料清单。房间数据库是计算和分析供暖、空调、照明等的基础。

1. 快速搭建围护结构模型

使用 MagiCAD 的智能建模系统,可以快速搭建一个围护结构的模型,与机电专业的工程内容进行配合。

2. 自动预留孔洞功能

当 MagiCAD 软件绘制的专业管道与智能建模绘制的维护结构发生碰撞时,可以自动预留孔洞,留出的空洞可以标注,可以进行统计,如图 6-37、图 6-38 所示。

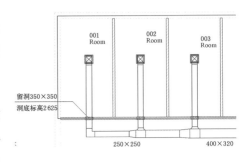

图 6-37　开洞功能(单位:mm)

图 6-38　孔洞清单

6.2.2　功能界面

6.2.2.1　MagiCAD HPV 功能界面

在 AutoCAD 主菜单中点击 AutoCAD HPV,会出现下拉界面,此界面包含了通风和管道两个模块对应的功能,这两个模块除了绘制系统的菜单不同外,其他的编辑功能是通用的。

1. 通用功能菜单

"通用功能"的菜单主要包含项目管理的设定、用户参数的设定以及图形的导入和导出,如图 6-39 所示。

2. 通风系统菜单

通风系统菜单主要包含了风管道的绘制、设备的布置以及一些阀门的绘制,如图 6-40 所示。

3. 采暖给排水菜单

采暖给排水菜单主要包含采暖给排水管道的绘制,如图 6-41 所示,主要包含采暖、制冷、给排水管道、及阀门设备还有给水点和排水点的绘制等功能。

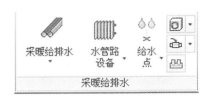

图 6-39　通用功能菜单　　　图 6-40　通风系统菜单　　　图 6-41　采暖给排水菜单

4. 喷洒系统菜单

喷洒系统菜单主要包含喷淋系统及消火栓系统的绘制,同时包含了阀门、设备的图库的调用绘制,如图 6-42 所示。

5. 工具菜单

工具菜单主要包含碰撞检查、连接点、视图的切换、预留孔洞的绘制、更改所有构件特性,如图 6-43 所示。

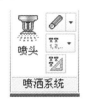

图 6-42　喷洒系统　　　　　　　　图 6-43　工具菜单

6. 编辑工具

编辑工具菜单主要包含管道修改、复制分支,调整局部管道或风管的标高等,如图 6-44所示。

7. 注释工具

注释工具主要是构件标注功能及流向的标注,如图 6-45 所示。

8. 计算功能模块

计算功能模块主要是对风管的校核计算、喷洒系统计算以及材料统计,如图 6-46 所示。

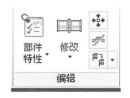

图 6-44　编辑工具菜单　　　　图 6-45　注释工具　　　　图 6-46　计算菜单

6.2.2.2　MagiCAD Electrical(电气系统)功能界面介绍

在这个模块中,主要包含了强电和弱电的绘制。

1. 通用功能菜单

通用功能菜单主要定义电气的项目管理,针对电气设计的图纸模型进行导入导出,如图6-47 所示。

2. 电力系统菜单

电力系统菜单主要是完成电照明、插座、线路的绘制,如图 6-48 所示。

图 6-47　通用功能菜单　　　　　　图 6-48　电力系统菜单

3. 电信系统菜单

电信系统菜单主要完成弱电系统的设计,如图 6-49 所示。

4. 电缆系统菜单

电缆系统菜单主要完成导管及桥架的绘制和编辑,如图 6-50 所示。

5. 工具菜单

工具菜单主要完成电气设计中,对各构件进行编辑修改等,连接的创建、剖面的绘制等功能,如图 6-51 所示。

 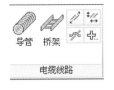 

图 6-49　电信、数据与楼宇自动化　　图 6-50　电缆线路菜单　　图 6-51　工具菜单

6.2.2.3　MagiCAD ROOM(智能建模系统)功能界面介绍

通用功能菜单主要包含建筑的项目管理设定及导入导出、楼层信息的设定以及编辑楼层信息,编辑楼层信息里面隐含着建筑图元绘制的菜单,如图 6-52 所示。

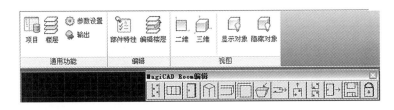

图 6-52　智能建模系统菜单

6.3　MagiCAD 的基本图元绘制

MagiCAD 软件是以项目为单位进行的,故在使用软件之前首先应建立项目文件夹。文件夹主要存放项目的图纸,在项目文件夹里面要建立相应的专业图纸文件夹,如图 6-53 所示。

图 6-53　专业图纸文件夹

图 6-53 中,参照图主要存放设计绘图时需要参照的相关专业的图纸,设计图主要存放用 MagiCAD 软件绘制的图纸。

6.3.1　电气模块的基本图元绘制

6.3.1.1　项目文件

在用 MagiCAD 软件进行设计的时候,为了能让设计内容遵循项目设定,需要将设计图纸添加到项目当中。故在新建一张图纸时，首先要保存这张图纸，然后点击电气设计模块菜单里面的 ，会弹出如图 6-54 所示的"选择项目"对话框。

如果是第一次开始绘图，点击"新建…"会跳出如图 6-55 所示"新建项目"对话框。

设置项目名称为"教程"，保存在项目文件夹下，而非专业文件夹下，模板软件会按默认路径来选择，模板采用 CHN 中文模板，确定后，软件会出现如图 6-56 所示"项目管理"对话框。

图 6-54　"选择项目"对话框

图 6-55　"新建项目"对话框

图 6-56　"项目管理"对话框

同时在文件夹里面多了一个教程.mep 文件，说明这张图纸已经建立电气的项目管理文件。

6.3.1.2　电力系统图元的绘制

电力系统主要包含导线、插座、灯具的布置等相关设备的布置。

1. 电力系统的绘制

1）灯具的布置

点击电力菜单里的"照明设备"（图 6-57），会弹出如图 6-58 所示的"选择设备"对话框。对话框左边有产品布置的高度，右上部分为产品组，选择不同的产品组，相应的产品也会发生改变。点击要布置的设备，右键点击特性，便可以看到该设备的属性。

比如布置双光荧光灯，点击"选择灯具"后，单击"确定"便可以直接在图面上绘制该设备，在 CAD 双视口下，可以看到如图 6-59 所示的效果。同理，对于插座等其他的设备，只需要选择相应的设备产品，便可以在图纸上进行绘制。

图 6-57　照明设备

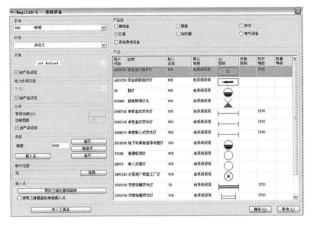

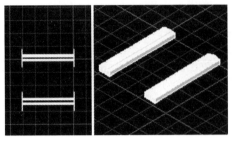

图 6-58 "选择设备"对话框 图 6-59 双视口下布置双管荧光灯

2）电缆的绘制

点击"电缆"按钮，出现"电缆选项"对话框，如图 6-60 所示。

"电缆选项"菜单主要进行系统设置，材料包括布线形式、外观等。单击"确定"后便可以在图纸上进行画线，画法与在 CAD 软件界面下画线是一样。画线后效果如图 6-61 所示。

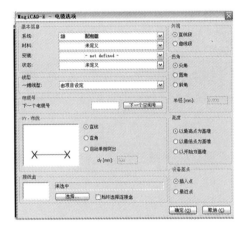

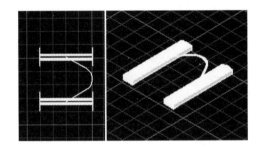

图 6-60 "电缆选项"对话框 图 6-61 画线后效果

当再次画线时，软件会默认上次的设置；如果需要更改，点击右键即可调出"电缆选项"对话框。

3）电信系统的绘制

主要图元的绘制可以参考"电力系统"的绘制。

4）电缆系统的绘制

电缆系统主要是导管和桥架的绘制。

当绘制桥架时，点击"电缆线路"的"桥架"图标，会出现"电缆桥架选项"对话框，如图 6-62 所示。根据对话框界面上的提示，可以选择系统、产品、弯头或变径的形式，右边为产品设置，右键点击产品后选择特性，将会出现"电缆线路"对话框（图 6-63），在该对话框中可以设置桥架的形式、产品的一些属性。在绘制的时候，软件会自动提示出现如图 6-64 所示的"高度"对话框。

图 6-62　"电缆桥架选项"对话框

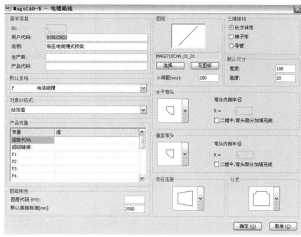

图 6-63　"电缆线路"对话框

图 6-64　"高度"对话框

图 6-65　桥架编辑功能

如果在图 6-64 中输入任何一项高度,软件会根据桥架属性自动计算其他的高度。点击"高于"后,会让用户选择高于的对象,点击"对象"后,要绘制的桥架的底高等于选择对象的顶高,"等高于"是指桥架的中心高度一致,"低于"是要绘制的桥架的顶高等于选择对象的底高。然后按照选择的高度进行绘制,在绘制过程中,如果需要改变尺寸,则可以右键选项进行设置,改高度则右键选择 Z 值,进行高度的设定。

桥架编辑功能,如图 6-65 所示。图中, 命令为调节桥架自身宽和高,左下角为调整局部高度的命令,当碰撞的时候可以用此命令调正局部的高度。在如图 6-66 所示"高度差"对话框中设定高度,同时可以设定水平方向的角度。桥架一般设置 45 度,这里可以自己根据工程实际情况进行设定。

2. 工具编辑

单击工具编辑中的"更改特性"后,弹出"更改特性"对话框,如图 6-67 所示。可以批量修改某一系统为另一系统,比如弱电桥架改成强电桥架,更改前后选择对应的系统即可。

图 6-66 "高度差"对话框　　　　　图 6-67 "更改特性"对话框

6.3.2 HPV 图元绘制介绍

6.3.2.1 项目管理文件

HP 和 V 两个模块的项目文件是相同的,其建立方法如同电气模块的方式一样,建立后教程文件夹包括三个文件:∗.EPJ 文件、∗.LIN 文件和∗.QPD 文件(图6-68)。其中,∗.EPJ文件是 HPV 的项目管理主文件,记录了项目管理中的全部内容;∗.LIN文件是 CAD 的线型文件,MagiCAD 可以通过该文件,调用其中包含的各个线型;∗.QPD 文件是

图 6-68　教程文件夹的三个文件

MagiCAD 的设备库文件,项目管理中所引用的设备都保存在这里。在传递项目的过程中,除了图纸之外,也要保证这三个文件的统一性。

每次新建一张水暖图纸的时候,都需要与项目管理文件相关联,当建立好项目,后面的图纸直接进行选择就可以,不需要再新建。

"新建项目"后出现如图 6-69 所示"项目管理"对话框。用户可以双击"楼层"中的各个楼层来修改楼层数据。其中,a,b,h 表示该层的外形尺寸数据,a 和 b 分别代表本楼层的长度和宽度范围(设定值不建议小于该层平面图的实际尺寸;如尺寸过小,可能造成连接点在该区域外,无法生成),h 代表本楼层的高度(指本层从地面到楼板以下的高度)。x,y,z 表示该层与其他楼层之间的相对关系。楼层尺寸设定好之后,需要设定楼层原点和当前楼层,点击"安装楼层坐标原点",可以确定楼层平面在.dwg 图纸中的位置(类似于 CAD 的绘图区域),确定方法有两种:输入原点坐标＋旋转角度,在图面上指定原点及旋转角度。点击"当前楼层",可以选择当前设计的是哪一层的内容,这样,不同层之间的图形和数据可以通过一个项目管理文件联系起来。

"楼层坐标原点"各层在 CAD 当中的位置可以不同;但不同楼层间,该原点相对于建筑平面图的位置必须一致,防止在楼层间生成连接点时产生错位。如果建立项目时发现选择

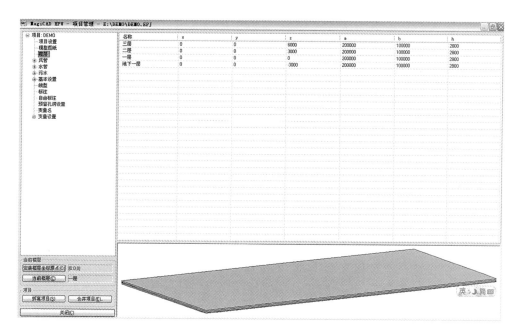

图 6-69 "项目管理"对话框

有误(如选错模板或选错保存位置),可以通过"拆离项目"的功能,将图纸从项目文件中清除,重新建立或选择项目。

6.3.2.2 风系统设计

风系统设计中,包括管道的绘制、设备及阀件的布置等。

1. 风管绘制中的选项设定

点击"风管道"命令,第一次使用的时候,会弹出如图 6-70 所示的"设计选项"对话框。这是风管绘制的选项菜单,包括绘制风管过程中的全部设置。

风管尺寸可在"设计选项"中定义。通过下拉选择的方式,可以确定风管的系列以及风管的尺寸,如图 6-70 所示。

保温层系列也可在设计选项中定义。通过下拉选择的方式,可以确定风管外面所采用的保温层系列。如果没有保温层,选择为空即可。关于保温层系列的修改以及保温层的厚度的确定,可以通过图 6-69 所示"项目管理"对话框设置。

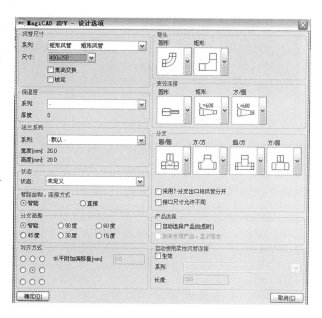

图 6-70 "设计选项"对话框

"管路绘制"、"连接方式,分支高差"这两部分的设定,会影响到管道绘制和连接时,生成的连接件是否为标准件(如弯头或三通是否为标准角度)。

当"弯头"、"分支"这部分的设定影响到风管连接时,生成的弯头或连接件样式可以在绘制之前确定,也可以在绘制之后通过特性修改的命令来修改。

2. 风管的绘制

选项设定好之后,就可以开始绘制风管。

绘制风管时的操作与在 AutoCAD 软件环境中非常类似,点击鼠标左键后,会弹出一个"新建部件"对话框(图 6-71),在这个特性对话框中,可以确定风管所属系统及风管的高度。

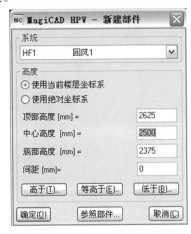

3. 风管的高度

图 6-71 中,风管的高度是相对本层地面的高度,在定义的时候,可以通过直接输入"顶部高度"、"中心高度"、"底部高度"中任意一个数值来确定;也可以通过下面的"高于"、"等高于"、"低于"这几个按钮,提取图形中存在的其他 MagiCAD 风管的标高作为参考。

图 6-71 "新建部件"对话框

4. 风管绘制过程

如果只是绘制一段直管,则可以像 AutoCAD 画直线一样,在屏幕上点击风管的终点就可以,绘制效果如图 6-72 所示。如果从已有风管开始绘制,则应选中已经绘制好的风管,可以看到风管的 3 个十字形热夹点(图 6-73)。通过这 3 个热夹点,MagiCAD 可以很轻松地

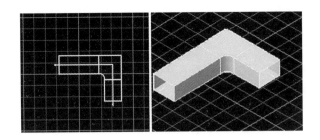

图 6-72 绘制风管

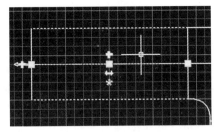

图 6-73 从已有风管开始绘制

实现从已有风管继续绘制。选中左侧或右侧的热夹点,可以在命令行中看到,软件提取到了被选风管的系统及标高,只需要在屏幕上确定风管的下一点,即可实现风管长度的变化,或者改变下一段风管的方向。选中中间的热夹点,即可执行"绘制风管"的命令。

如果当前选择风管,与"风管选项"中当前的信息不一致时,会弹出如图 6-74 所示的"冲突"对话框。如果选择"改变当前设置",则会改变"风管选项"中的设置内容,使其与被选风管的信息一致;如果选择"保留当

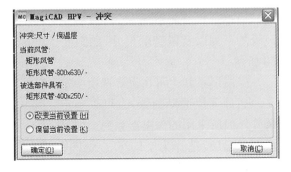

图 6-74 "冲突"对话框

前设置",则会按照"风管选项"中的设置进行绘制。

5. 右键菜单命令

在绘制风管的时候,单击鼠标右键,可以看到 MagiCAD 的右键快捷菜单(也可在命令行中看到),如图 6-75 所示。

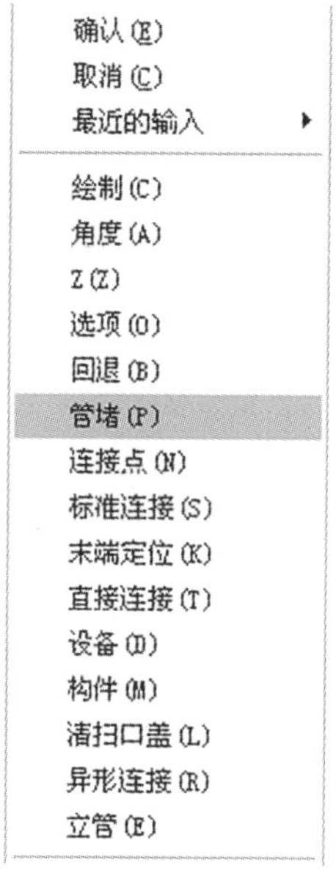

绘制——在 MagiCAD 绘制风管的时候,软件默认是"自动连接或绘制",如果靶框内有 MagiCAD 的风管或风系统设备,软件自动进行连接;如果是空白处,软件执行绘制命令。当同一位置有不同标高的多根风管时,可以选择"绘制",此时,软件强制执行绘制命令,不进行自动连接。

Z——除了可以在绘制过程中用来修改风管的标高信息之外,也可以用来绘制竖向风管。确定风管起点后,选择"Z"功能,输入终点标高,即可生成竖向的风管。

选项——如果要对风管的信息进行修改,可以选择"选项",调出"设计选项"对话框。关于"设计选项"对话框中的内容,可以查看。

回退——当绘制时,发现风管绘制错误,可以选择"回退",此时,绘制命令不会中止。

管堵——绘制风管的时候,风管的两侧都是开放端口,添加管堵,即可将开放端口封闭,表示管道到此为止。

图 6-75　右键菜单

连接点——生成连接点,对同一系统在不同图纸中的内容进行连接。

特殊连接——无法用一个标准部件进行连接的两根风管,可以选择"特殊连接",采用两个标准部件配合的方式进行连接。

直接连接——如果要生成非标准连接件,可以采用"直接连接"的方式。

6. 布置设备

单击图 6-40 通风系统菜单中的"风系统设备",弹出如图 6-76 所示"HPV -请选择设备"对话框。对话框中的"设备组"分别对应送风设备、回风设备、室外设备和排风设备。

点击"送风设备",先在列表中选择产品系列,此时,可以在下面的预览框中看到设备的外观,如在"Qv"处填写风量(两个风量数据填写一个就可以,软件会根据设备的尺寸进行流速的计算),风量设定好后,在产品系列上点击鼠标右键,选择"特性",即可查看该产品系列的特性曲线,同时,可以参照特性曲线,来选择适合的产品尺寸,如图 6-77所示。

设备选择好以后,就可以在图面上布置设备了。在图面上插入设备应点击鼠标左键,即可将刚刚选好的设备布置到图面上,此

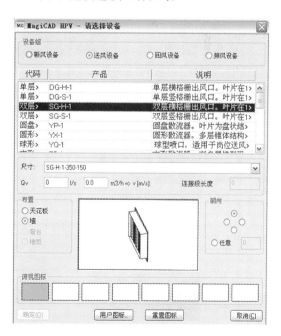

图 6-76　"HPV-请选择设备"对话框

时,会弹出"HPV-选择设备"对话框,如图 6-78 所示。在该对话框内,确定设备所属系统以及设备的高度(4 个高度确定任意一个即可,软件会根据设备的尺寸,计算出其他高度)。连接高度是指设备与风管连接时,接管处的管中心标高;设备安装高度是指设备安装时的定位高度,可以理解为设备安装处吊顶距本层地面的高度。

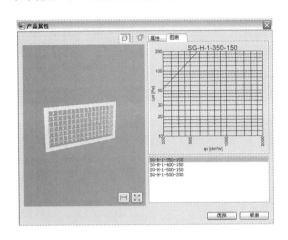

图 6-77 "产品属性"对话框

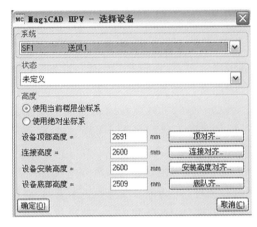

图 6-78 "HPV-选择设备"对话框

7. 风管与布置好的设备连接

从风管开始连接设备时,风管无须与末端设备的位置完全对应,只要靶框范围内有末端设备,软件即可实现连接,并自定调整分支的位置

点击设备,可以看到设备的热夹点(图 6-79),由这个热夹点可以引出风管,从而达到设备与风管连接的目的。选中热夹点,向水平或垂直方向绘制风管,软件在生成风管的同时,可以完成设备与风管的连接。

8. 布置阀件

风系统设计中,除了风管和末端设备之外,阀件也是必不可少的。在"风系统设计"的工具条中,有专门布置阀件的部分,如图 6-80 所示。图中从左至右分别是防火阀、风量调节阀、消声器、其它风系统构件。这里以流量调节阀为例。

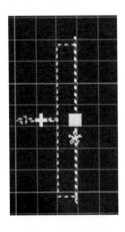

图 6-79 设备的热夹点

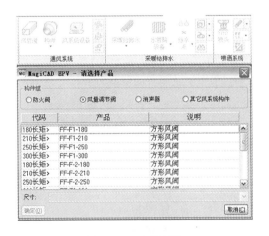

图 6-80 选择阀件

阀件类型选择好之后,就可以在风管上布置阀件了。布置阀件时,软件会根据风管尺寸在阀件接口规格系列中选择与之相同或相近的规格型号。如果是相近的规格,则会自动添加对应的连接件(如变径或天圆地方)。

9. 部分风管编辑命令

MagiCAD 软件除了可以使用 AutoCAD 本身的编辑命令之外,也提供了很多便捷实用的编辑类命令,如图 6-81 所示。

图 6-81 编辑命令

10. 部件特性

通过"部件特性"功能,可以查看 MagiCAD 中 HPV 实体的信息,另外,通过双击 HPV 实体,也可以实现同样的功能。

11. 复制分支

通过"复制分支"命令,可以一次性复制风管、风管上的阀件以及风管末端设备,并实现复制后的分支与主风管的自动连接。需要注意的是,复制前可以通过"风管选项"来设定分支类型。

当复制分支时,第一次选择的是"根节点",即此次复制的终止位置,也是复制后与主风管的连接点;第二次选择的是"风管",即指定分支的搜索方向。从"根节点"开始→沿"风管"方向→末端,即为此次复制的对象。

12. 移动部件

通过"移动部件"命令,可以实现 MagiCAD 实体的移动,移动的同时,软件会自动处理与实体相连接的风管。需要注意的是,当风管两端均有约束时,无法移动。

利用 AutoCAD 自身的"移动(move)"命令,也可以达到相同的效果,但需要注意移动对象的选择。

13. 更改特性

通过"更改特性"的命令,可以快速修改选择对象的特性信息,如统一修改管径、统一添加保温层、修改弯头或分支样式等(图 6-82)。

首先在"特性组"中选择要修改的系统分类(风系统、水系统等),然后在选项中,选择要修改的特性,确定后,选择要修改特性的对象,回车即可实现修改。在选择对象时,既可以单选,也可以框选。

14. 剖面图

平面图设计完成之后,可以用 MagiCAD 软件提供的剖面图功能，生成剖面。

图 6-82 "更改特性"命令及对话框

1) 剖面标记

通过"剖面标记"命令,可以设定标识符的信息、标记的样式、剖面图的类型及剖面图尺寸(图 6-83)。该功能可以生成剖面图或详图,无论是剖面图还是详图,都需要设定剖切的底部 Z 值和顶部 Z 值,这样,剖切时,只会显示该 Z 值范围内的实体对象。

2）创建剖面

剖面标记或详图范围确定后,就可以生成剖面图或详图了。点击"创建剖面"按钮后,只需选择剖面标记或详图范围即可。

3）更新剖面图

如果平面图发生了变化,只需利用"更新剖面图"功能,即可实现对已有剖面图内容的更新,无须重新绘制。使用"更新剖面图"的功能,点击已经生成的剖面图,可以将剖面图内容更新。

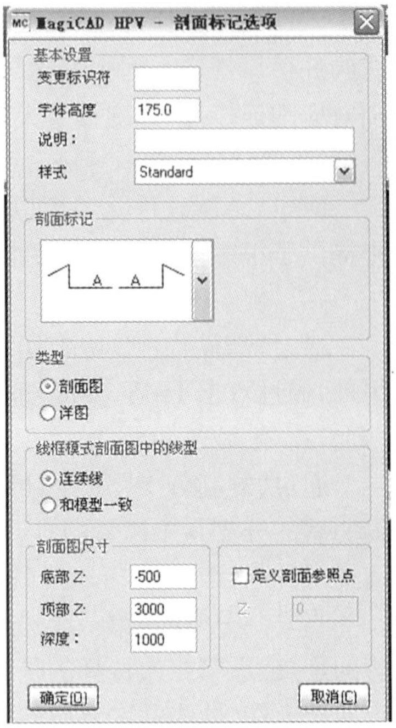

6.3.2.3 水系统设计

水系统设计中,包括水管的绘制、设备及阀件的布置等。水系统设计包括常见的采暖水系统、喷洒水系统、生活水系统及污水系统等。水系统图元绘制方式方法与风管的绘制方法一样,包括阀门等,这里不再详细讲解。

图 6-83 "剖面标记选项"对话框

6.4 MagiCAD 机电安装项目实战

在本节中,我们将以某办公楼一层为例,讲述如何把二维平面图绘制成三维,如何进行碰撞的检查、管线的调整以及工程量统计。

6.4.1 基础知识了解

6.4.1.1 建立项目文件

建立项目文件,首先要建一个完整的文件夹,如图 6-84 所示。

图 6-84 项目文件夹

6.4.1.2 外部参照设置

例如,有三张.dwg 图纸,分别设定为图纸 A,B,C。B 图纸参照了 A 图纸,C 图纸要参照 B 图纸。如果 B 图纸参照 A 图纸的时候,选择的是"附着型",那么当 C 图纸参照 B 图纸的时候,A 图纸也会一起被参照进来,且无法拆离;如果 B 图纸参照 A 图纸的时候,选择的是"覆盖型",那么当 C 图纸参照 B 图纸的时候,A 图纸不会出现在 C 图纸当中。因此,在图形外部参照的时候尽量选择覆盖型。

外部参照"路径类型"的选择。如果采用"绝对路径",第一位设计人员做设计的时候不会有什么问题,但是当图纸进行传递的时候,后面的设计人员必须严格按照第一位设计者的文件路径来存放图纸,一旦文件路径有一点不同,参照对象就会失效,这样不利于图纸的传递和交流;如果采用"相对路径",只要保证项目内部各个文件夹的一致性即可,项目文件夹可存放在任意位置。需要注意的是,如果不保存当前图纸,是无法选择"相对路径"这种参照方式的,故在外部参照选择的时候要选择"相对路径",如图 6-85 所示。

图 6-85　附着外部参照　　　　　　　　　　图 6-86　选择样板

6.4.2　水系统设计

新建一张图纸,选择 acadiso. dwt 模板,如图 6-86 所示,目的主要是确保单位为 mm,因为在设计的时候要保证图纸和实际安装时的尺寸是 1∶1 真实对应。

新建图纸之后,保存图纸为水系统设计图,放到水系统设计文件里面,通过外部参照把需要参照的图纸参照进来,一般是设计院所给出的二维给排水设计图。参照后如图 6-87 所示。

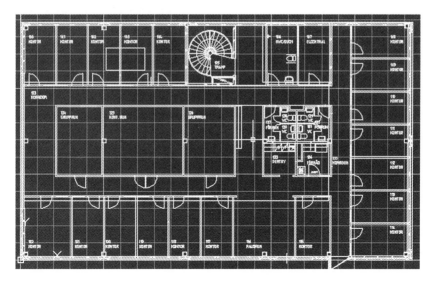

图 6-87　完成参照

6.4.2.1　建立项目管理文件

建立项目管理文件,选择当前楼层,就之后就可以开始绘图了,这里注意如果没有与项目管理文件关联,命令是无法执行的。

6.4.2.2　定义给水点、排水点

单击命令_{给水点},弹出如图 6-88 所示“HPV -给排水点选择”对话框。这里给水点可以单独定义,也可以把给水点和排水点一起定义。先定义给水点,注意定义高度和系统,选择冷热水龙头,点击右键特性,会出现如图 6-89 所示的“产品属性”对话框。

图 6-88 "HPV-给排水点选择"对话框

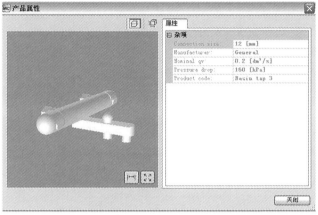

图 6-89 "产品属性"对话框

图 6-89 中有三维图及产品的属性,在平面图合适的位置放置该水龙头,把视口设置为两个视口,一个平面、一个三维,我们的绘图方式为二维和三维同时显示操作,三维设置为着色样式,放置后如图 6-90 所示。

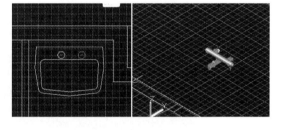

图 6-90 放置完成的龙头

6.4.2.3 给水管道绘制

点击给水管道,会跳出给水管道选项设置,如图 6-91 所示。设置管道的参数,右上角为冷热水管道的水平或垂直关系及间距。设置好后"确定",便可以绘制冷热水管道,绘制如图 6-92 所示。

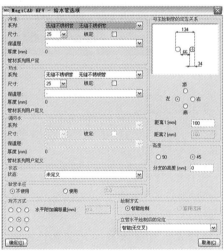

图 6-91 给水管道绘制命令及"HPV-给水管选项"对话框

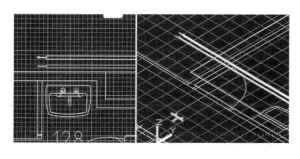

图 6-92　绘制管道

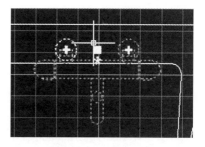

图 6-93　热夹点

点击给水点,会出现热夹点(图 6-93),红色为热水管,点击加号,会激活热水管道,直接绘制到热水管,把框会自动连接热水管;点击冷水管热加点后,先画出一段,如图 6-94 所示。

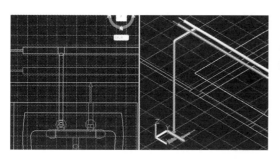

图 6-94　绘制热水管道

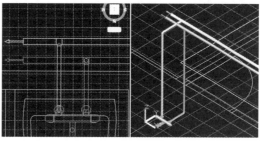

图 6-95　绘制冷水管道

冷水管绘制完成后,点击冷水管一端,点击热夹点,直接连接冷水管,则出现如图 6-95 所示的连接情况。这样便实现了明装和暗装的两种连接方式。

6.4.3　污水系统的绘制

6.4.3.1　污水点布置

点击选择"污水点布置",弹出如图 6-96 所示的对话框。选择对应的污水设备,右键可以查看特性,如图 6-97 所示。确定后,进入产品属性界面,便可以布置卫生器具,如图 6-98 所示。点击设备热夹点,会出现对应系统的污水管线,同时会出现如图 6-99 所示"HPV-污水管选项"对话框。根据设计规范要求,设置材料、尺寸、管道坡度等,之后直接绘制就可以。

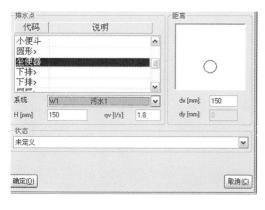

图 6-96　污水点布置

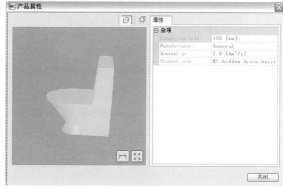

图 6-97　"产品属性"对话框

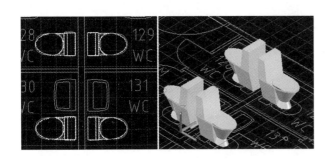

图 6-98　布置卫生器具　　　　　　　　　图 6-99　"HPV-污水管选项"对话框

6.4.3.2　绘制中应注意的问题

对所有绘制的管线或设备,软件都可以支持热夹点操作,绘制思路是相同的,所以在这里只举例给水和排水系统的绘制,读者可按这种方法进行练习,达到如图 6-100 所示的效果。

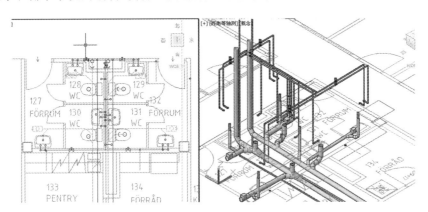

图 6-100　完成的给排水模型

6.4.4　风系统绘制

6.4.4.1　项目建立

新建一张图纸,注意选择 acadiso. dwt 文件格式,保存图纸至暖通设计图文件夹地下,通过外部参照,把建筑底图参照进来,或者把设计院的暖通风管图纸参照进来。点击项目管理文件,当水系统绘制完成后,会提示"HPV-选择项目"对话框(图 6-101)。

在这里注意一下,前面有讲到:水暖共用一个项目管理文件,所以当绘制第二张

图 6-101　"HPV-选择项目"对话框

图纸的时候,不需要新建项目管理文件,选择直接进入就可以。如果新建项目管理文件,就会出现两个项目文件,无法保证所有图纸的统一性。

进入操作界面后选择对应的楼层,便可以开始绘图了。

6.4.4.2　风口的绘制

点击"绘制风口"命令,出现如图 6-102 所示的"HPV -请选择设备"对话框。在对话框中所示的界面选择对应的设备及尺寸、布置方式、风口的朝向,点击"确定"输入高度即可在图纸中进行放置风口的操作。

在管廊部位绘制对应的送风管,点击"风管绘制"命令,选择相应的尺寸。绘制一段风管。

6.4.4.3　风管和风口的连接

点击"风口",出现热夹点;点击热夹点,软件会自动激活管道,这时候右键选择 Z 值,因为此

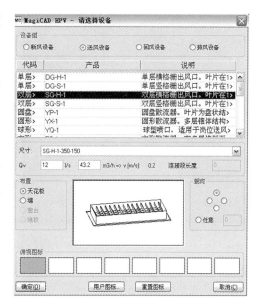

图 6-102　"HPV -请选择设备"对话框

时风口的高度是低于风管的,在 Z 值设定的时候选择"等高于"管廊风管的高度,如图 6-103 所示。

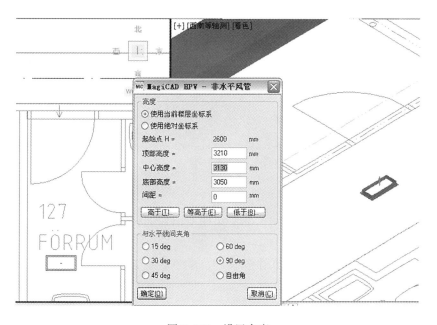

图 6-103　设置高度

注意,风口的尺寸出风管之后,如果产品库中没有适合风口的风管,软件会自动选择近似尺寸的风管代替,所以会产生风口变径的可能,在风口和风管额高度差值太小的情况下,有可能无法实现连接。

确定后如果直接按风管走向,点击"管廊风管",软件会自动连接,效果如图 6-104 所示。

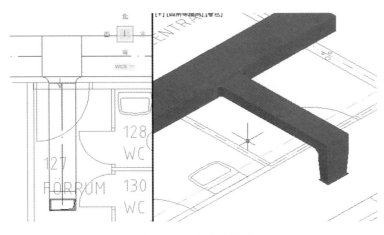

图 6-104 完成的风管

6.4.4.4 复制分支

因为很多时候风口是一样的，位置也差不多，这个时候可以通过"复制分支"的命令实现快速复制，如图 6-105 所示。

软件提示选择根节点，选择管道，这里根节点是相对于分支来讲的，例如，树枝相对于树干来说，交接的地方为根节点，树干相对于树根来说，交接的地方为根节点，反之一样，指定管道就是要复制的管道，复制后如图 6-106 所示。

图 6-105 复制分支

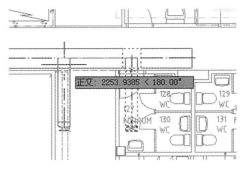

图 6-106 完成复制分支

复制分支保证了管道的自动闭合，如果采用 CAD 拷贝的命令，复制后是不闭合的，需要人工通过连接点进行连接。

根据这几个命令，完成的效果如图 6-107 所示。

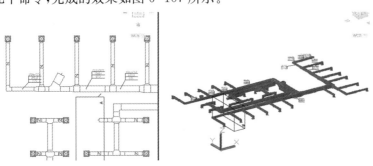

图 6-107 完成的效果图元

6.4.5　电气的绘制

6.4.5.1　项目设定

新建一张图纸,保存至电气设计文件夹底下,注意新建项目时的模板选择和关联项目管理文件,这里项目管理文件的建立第一次绘制电气图纸,需要新建,之后可以直接进行选择,参照电气的图纸和建筑底图,就可以进行绘制。

6.4.5.2　桥架绘制

点击"桥架绘制"命令,进行选项的设定、高度的设定,就可以开始绘制,如图 6-108 所示。

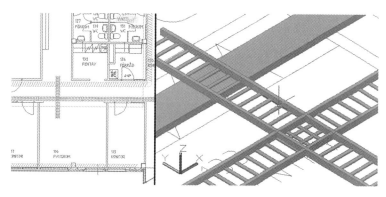

图 6-108　桥架绘制

注意右键选项菜单的设定,桥架绘制操作和管道绘制操作一致,完成桥架系统的绘制,如图 6-109 所示。

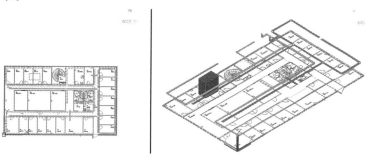

图 6-109　完成的桥架

6.4.5.3　照明插座

采用与桥架类似的方式,完成照明插座的绘制,如图 6-110 所示。

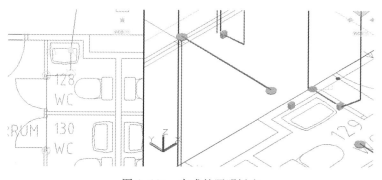

图 6-110　完成的照明插座

6.4.6 管线综合

新建一张图纸放到综合文件夹里,通过外部参照的命令把所有图纸参照到一张图纸里,就可以看到整体的效果了。对于建筑结构图纸的模型,可以直接导入支持 BIM 软件的其他软件所绘制的模型,也可以用 Magi-CAD 软件 room 绘制的建筑模型,如图6-111所示。

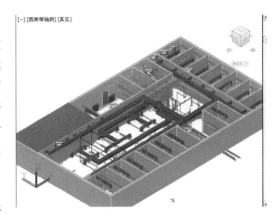

图 6-111 管线综合

6.4.7 材料统计

MagiCAD 软件可以统计材料清单,打开6.4.2 节中完成的给排水图纸,点击"材料统计"命令(图 6-112)。根据图 6-113 中对话框选择要统计的系统,这里既可以统计本层的,也可以统计多层的系统。单击"材料清单"按钮,即可完成材料清单的统计,如图6-114所示。

图 6-112 材料清单

图 6-113 "材料清单"对话框

图 6-114 生成的材料清单

6.4.8 碰撞检查

在综合图纸下,如果要用 HPV 项目里面的碰撞检查命令,则需要把这张图纸与 HPV 项目管理文件关联,点击图 6-115 中"碰撞检测"命令。弹出"碰撞检测"选项对话框,如图 6-116 所示。

图 6-115 碰撞检测

在"碰撞检测"对话框中可以对参照进来的所有对象进行检测,同时可以设置软硬碰撞问题,如图 6-117 所示。查找到全部碰撞点后,软件会在图形中用黄色叉号(×)表示出来,如图 6-118 所示。

根据提示,对应到相关的专业图纸通过编辑命令修改即可。因为全部采用外部参照的图纸,保证更改的每张图纸,在综合图中都能及时更新相应的图元部分。

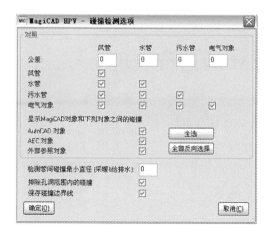

图 6-116 碰撞检测选项　　　　　　　　图 6-117 碰撞检测结果

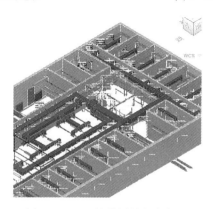

图 6-118 碰撞检测的颜色提示

6.4.9 综剖面图的绘制

单击"工具"菜单的"剖面命令",会弹出"剖面标记"对话框,如图 6-119 所示。根据提示确定剖面的视图方向,深度即为你所能看到深度,之后创建剖面即可,如图 6-120 所示。如果平面图纸更改后,可以通过更新剖面自动更新剖面图,实现智能联动。

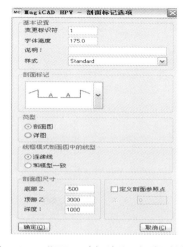

图 6-119 "HPV-剖面标记选项"对话框

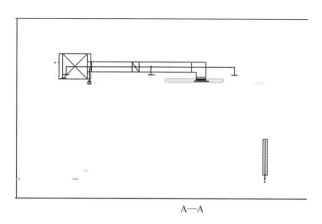

A—A

图 6-120 剖面视图

第7章 基于 BIM 的造价管理

BIM 在造价管理方面的应用,主要有广联达软件和鲁班软件。

广联达软件在 BIM 方面的应用目前主要有 2 个,一个是建模软件 GMT,另一个是模型检查软件 GMC。应用广联达 BIM 软件的时候要先分专业分别建模,并使用"文件/导出算量工程"功能,导出算量工程就可以在广联达的算量软件中进行工程量的计量。同时,还可以在模型检查软件中进行碰撞检查。

基于鲁班软件的 BIM 应用基本是在其原有的算量软件的基础上形成的。在鲁班土建(预算版)的文件菜单和属性菜单下,都增加了 BIM 的内容。鲁班软件的其他专业算量和土建算量相差不大。

7.1 广联达 BIM 的安装

广联达 BIM 软件 GMT 的软件在广联达 BIM 应用的网站上可以下载学习版,网站的网址是 http://gmc.fwxgx.com/bim/bim_material。安装后可直接打开使用,无须安装CAD,无须插加密锁。但是建模软件 GMT 有功能限制,可以使用保存、打开工程功能,不能导出算量工程;导出的模型文件仅限 500 个图元。模型检查软件不能保存工程、打开工程,最多只能导入 2 个模型文件,只能查看前 10 个碰撞点。

下载后的软件文件夹形式显示如图 7-1 所示。

双击图 7-1 中的 Install.exe,开始软件安装。根据安装界面提示,点击"下一步"就可以完成安装。

图 7-1 下载后的学习版软件

7.2 广联达 BIM 的界面

双击桌面上的广联达建模软件图标![icon],即可启动软件。软件启动后,首先显示的是如图 7-2 所示的欢迎窗口。

单击"新建"按钮,显示如图7-3 所示的"新建工程"窗口。根据进入软件的专业,选择专业类型,选择"土建",单击"确定",则进入如图 7-4 所示的工程设置窗口。

图 7-2 广联达建模软件的欢迎窗口

在这个窗口中进行建模的基本设置。

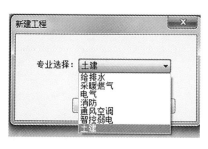

图 7-3　"新建工程"窗口

图 7-4　工程设置窗口

7.3　广联达 BIM 的基本图元绘制

采用 GMT 建模的整体流程是"新建工程→选择专业→定义楼层→绘图输入"。其中"新建工程→选择专业→定义楼层→绘图输入"在 7.2 节已经说明,下面从"定义楼层"开始。

7.3.1　定义楼层

广联达建议按结构标高定义楼层(图 7-5),"插入楼层"、"删除楼层"2 个按钮可以增加、删除楼层。每个楼层都有编码(自动增加)、楼层名称、层高、首层(首层特殊,而且只有 1 个)、底标高、板厚、建筑面积(不是必须的)和备注。楼层定义完成界面显示如图 7-6所示。

	编码	楼层名称	层高(m)	首层	底标高(m)	板厚(mm)	建筑面积(m2)	备注
1	1	首层	3	☑	0	120		
2	0	基础层	3	☐	-3	500		

图 7-5　定义楼层

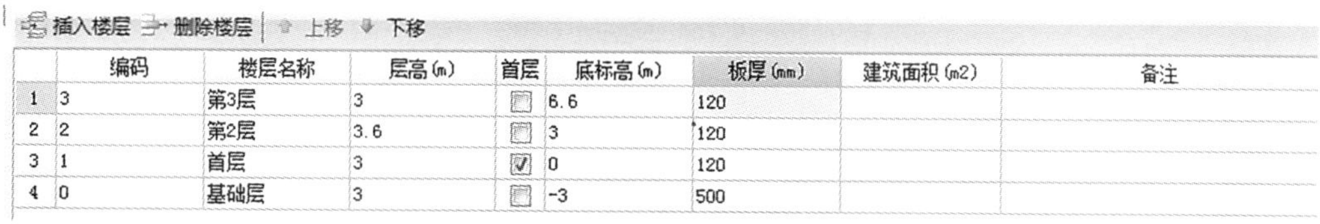

	编码	楼层名称	层高(m)	首层	底标高(m)	板厚(mm)	建筑面积(m2)	备注
1	3	第3层	3	☐	6.6	120		
2	2	第2层	3.6	☐	3	120		
3	1	首层	3	☑	0	120		
4	0	基础层	3	☐	-3	500		

图 7-6　完成的楼层定义

7.3.2　绘图输入

GMT 可以识别 AutoCAD 的图纸,也可以直接建模。单击"绘图输入"按钮,程序界面变成绘图输入界面,如图 7-7 所示,将左边的绘图输入展开,其工具条如图 7-8 所示。

图 7-7　绘图界面示意　　　　　　　　　　图 7-8　展开的绘图输入工具条

7.3.2.1　绘制轴网

双击"轴线"下的"轴网",程序界面如图 7-9 所示。

图 7-9　轴网绘制

在"轴网"界面下单击鼠标右键,弹出的菜单如图 7-10 所示,单击"新建正交轴网"。则右侧的轴网输入可以使用,按图 7-11 输入开间和进深数据。完成后的界面如图 7-12 所示。

下开间	左进深	上开间	右
轴号	轴距	级别	
1	3600	2	
2	3600	1	
3	4200	1	
4		2	

下开间	左进深	上开间	右
轴号	轴距	级别	
A	5400	2	
B	2100	1	
C	5100	1	
D		2	

图 7-10　鼠标右键菜单　　　　　　　　　图 7-11　开间、进深数据

完成后,双击工具条上的"轴网",弹出轴网角度对话框,如图 7-13 所示。默认角度为0,单击"确定",关闭对话框。这样就完成了轴网的定义。

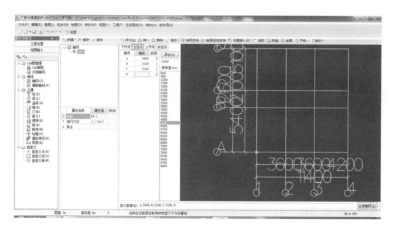

图 7-12　完成轴网定义　　　　　　图 7-13　轴网角度

7.3.2.2　绘制柱

双击"土建"下的"柱",进入"新建柱"界面,如图 7-14 所示。

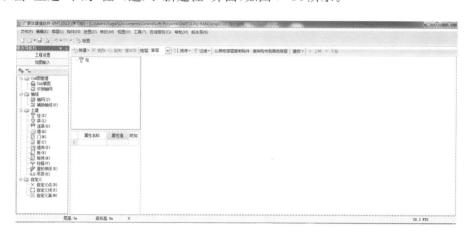

图 7-14　新建柱

单击"新建"按钮旁边的黑三角,下拉菜单如图 7-15 所示。选择"新建矩形柱",其截面宽度和高度均改为 600,其他不变,如图 7-16 所示。采用同样方法,添加 2 根圆柱,直径600。完成后的界面如图 7-17 所示。

图 7-15　新建柱菜单　　　　图 7-16　新建矩形柱　　　　图 7-17　完成柱的新建

完成柱的创建之后,双击"土建"下的"柱",进入"绘图"界面,如图 7-18 所示。

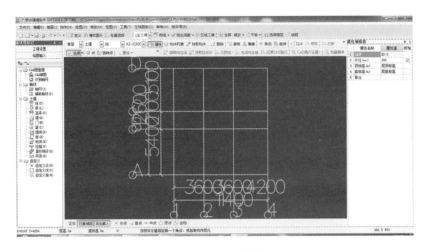

图 7-18 柱的绘图界面

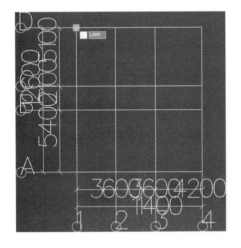

图 7-19 插入柱对话框

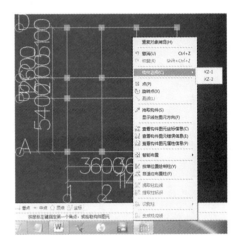

图 7-20 更换柱的类型

移动鼠标,在需要的位置单击左键,插入柱(图 7-20)。如果需要更换柱的类型,单击鼠标右键,弹出的菜单上选择"构件选择",选择相应型号的柱即可,如图 7-20 所示。

7.3.2.3 绘制梁

绘制梁的过程和绘制柱的过程非常类似。双击"模块导航栏"中"土建"下的梁,进入"定义"界面,单击"新建"的下拉菜单中的"新建矩形梁"(图 7-22),添加 350×700 和 250×600 的梁各一种,如图 7-22 所示。

图 7-21 新建矩形梁　　　图 7-22 添加梁的类型

添加完毕,单击界面上方的"绘图"按钮,进入梁的绘图状态,单击鼠标左键,绘制梁的中心线,点右键完成绘制,单击右键可以在弹出的菜单中进行构件选择。绘制完成的状态如图7-23 所示。

7.3.2.4　其他构件的绘制

在 GMT 中,其他构件的绘制和柱、梁的绘制方法类似。读者可以自行学习。

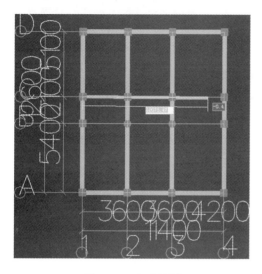

图 7-23　完成绘制

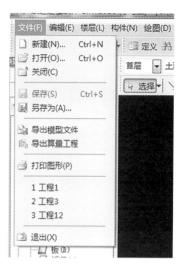

图 7-24　"导出算量文件"菜单

7.4　广联达 BIM 工程造价应用

采用 GMT 进行工程建模之后,单击如图 7-24 所示的"文件"→"导出算量文件",即可导出能为广联达算量软件识别的模型,进行工程造价的计量。

7.5　鲁班土建 2013(预算版)的安装

鲁班土建 2013(预算版)提供免费下载,读者可以到鲁班软件的下载区去下载,鲁班软件的网址为 http://www.lubansoft.com/,下载后的图标为 ▨。

由于鲁班土建 2013 软件是基于 AutoCAD 平台进行的二次开发,所以在安装鲁班土建2013 之前必须先安装 AutoCAD,鲁班土建 2013 支持的 AutoCAD 版本为 2006 版和2011 版。

当安装完 AutoCAD 2008 或者 AutoCAD 2011 后,双击鲁班土建 2013 安装文件,根据安装软件界面提示,点击"下一步"就可以完成安装。安装完成后,在桌面生成图标 ▨。

需要注意的是,如果是在 Windows7 系统下运行软件,必须右键单击这个图标,在弹出的菜单中选择"以管理员身份运行",才能正常运行,否则程序会弹出对话框,进度条会卡在90％的进度上。

软件正常启动后,界面要求用户输入"鲁班通行证"的账号和密码,如果没有"鲁班通行证",则可以单击"注册",根据提示填表注册,如图 7-25 所示。需要注意的是,注册过程必须联网进行。

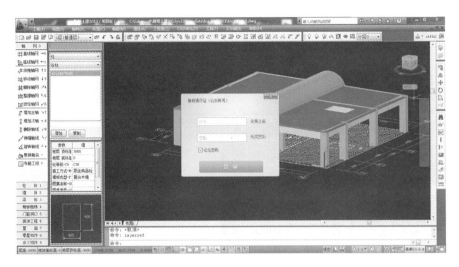

图 7-25　填写鲁班通行证

7.6　鲁班土建 2013 的界面

　　填写完鲁班通行证单击"登陆"后,进入"新建"或"打开"工程界面,如图 7-26 所示。单击"新建工程"按钮,弹出"新建"对话框,如图 7-27 所示,在此对话框中设置工程的保存位置,然后单击"保存"按钮。

图 7-26　"新建"或"打开"工程界面

　　接着,程序弹出"用户模板"对话框(图 7-28),在对话框中选择用户模板,单击"确定"按钮,弹出如图 7-29 所示的"工程概况"对话框,在对话框中输入工程概况,单击"下一步",弹出如图 7-30 所示的"算量模式"对话框,在对话框中填写算量模式,单击"下一步",弹出如图 7-31 所示的"楼层设置"对话框,在对话框中填写楼层设置,单击"下一步",弹出如图 7-32 所示的"标高设置"对话框,在对话框中填写相应的标高设置,单击"完成"按钮就完成了相应的设置。

图 7-27　"新建"对话框

图 7-28　"用户模板"对话框

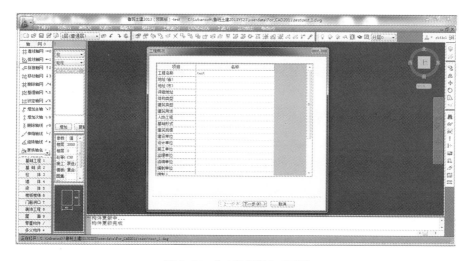

图 7-29　"工程概况"对话框

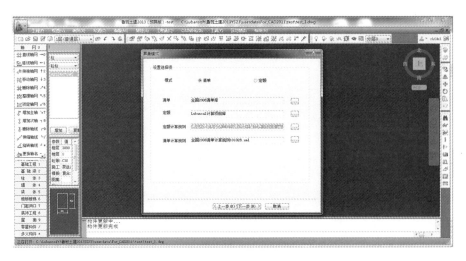

图 7-30　"算量模式"对话框

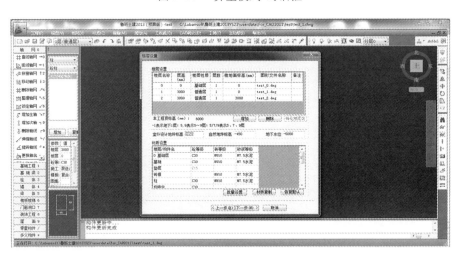

图 7-31　"楼层设置"对话框

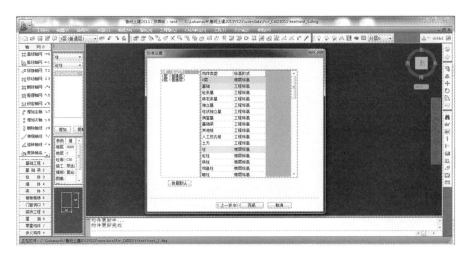

图 7-32　"标高设置"对话框

7.7 鲁班土建 2013 的基本图元绘制

完成设置后,程序显示如图 7-33 所示的程序主界面。这个主界面的左侧是绘图菜单,包括轴网、柱、墙、梁、板、楼梯、门窗、装饰、屋面构件等。绘图菜单的右侧是属性栏,显示当前绘制的构件的各种属性,属性栏的右侧是绘图区。

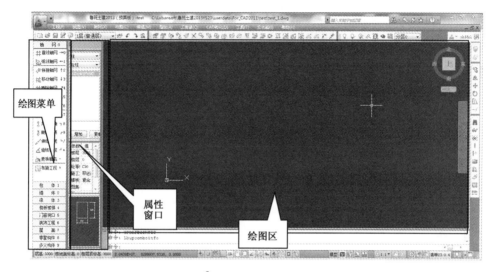

图 7-33 程序主窗口

7.7.1 绘制轴网

鲁班土建 2013 的轴网绘制命令如图 7-34 所示。以绘制直线轴网为例,单击"直线轴网"菜单条,弹出"直线轴网"对话框,在对话框中输入轴网的开间和进深,如图 7-35 及图 7-36 所示。每输入完成一行,单击鼠标右键,弹出菜单如图 7-37 所示,选择"增加",则会增加一行轴网。

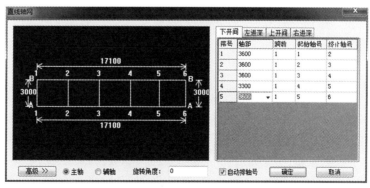

图 7-34 鲁班土建 2013
的轴网命令

图 7-35 输入的轴网开间

图 7-36　右键菜单

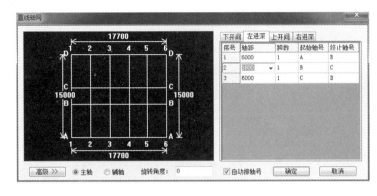

图 7-37　输入的轴网进深

　　输入完开间和进深后，单击确定按钮，根据提示，输入轴网左下点的坐标和与水平方向的夹角，在本例中输入 0<0，表示原点和坐标原点重合，夹角为 0。然后输入 Z，回车，输入 a，回车，完成的轴网如图 7-38 所示。

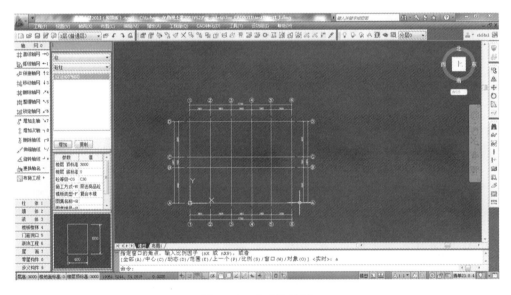

图 7-38　完成的轴网

　　其他轴网的绘制命令，读者可以自行练习。

7.7.2　绘制柱

　　鲁班土建 2013 免费版的柱的建模命令如图 7-39 所示。

　　本例中，柱为正方形截面 600×600 混凝土柱。单击"属性"对话框的"增加"按钮，增加一种新类型的柱，如图 7-43 所示。单击"KZ2（400 * 600）"，再单击属性窗口最下方的蓝色图示框中的 400 标注，弹出"修改变量值"对话框，将其中的 400，修改为 600，单击"确定"按钮，"属性"对话框如图 7-41 所示。

图 7-39　柱的建模命令

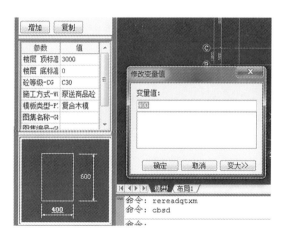

图 7-40　增加新柱　　　　　　　　　　　　　图 7-41　修改变量值

单击图 7-39 中的"轴交点柱",弹出"偏心设置"对话框,可以设置柱的偏心。在绘图区移动鼠标,单击两次,框选的轴线交点处柱即生成,如图 7-42 所示。关闭"偏心设置"对话框,本层柱绘制完成。

单击工具条右边的"三维动态观察"按钮，按住鼠标左键,动态显示三维模型,如图 7-43 所示。

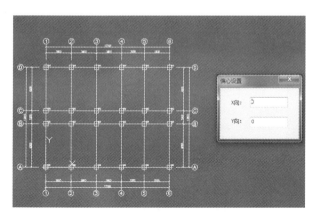

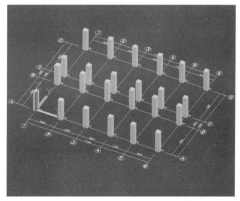

图 7-42　柱布置　　　　　　　　　　　　　图 7-43　完成的柱的三维模型

至此,一层柱绘制完成。二层柱与一层柱完全一样,不需要重复输入,仅进行复制即可。

按工具条上的"楼层选择"按钮 2层(普通层)，切换到二层,此时,绘图区变成空白。

单击"楼层复制"按钮，弹出"楼层复制"对话框,如图 7-44 所示。将源楼层设置为 1,构件只保留柱,目标楼层选择 0 和 2,单击"确定"按钮,弹出"警告"窗口,单击"确定",经过楼层拷贝后,在 0 和 2 楼层均生成了柱。

单击菜单"视图→三维显示→整体…"(图 7-45)所

图 7-44　"楼层复制"对话框

示,三维整体的效果显示如图 7-46 所示。

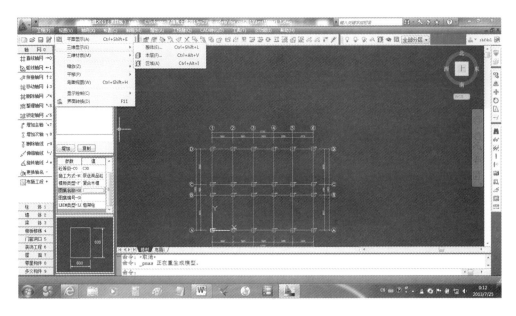

图 7-45　整体显示命令

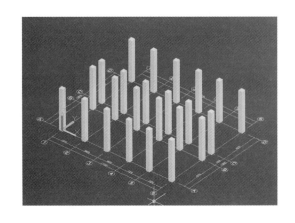

图 7-46　三维柱模型

图 7-47　梁的建模命令　图 7-48　板的建模命令

7.7.3　绘制梁板

鲁班土建 2013 免费版的梁的建模命令如图 7-47 所示,板的建模命令如图 7-48 所示。

本例框架梁为 300×750 混凝土梁,联系梁为 250×500 混凝土梁。楼板厚度为 120 厚混凝土楼板。

在"梁体 3"菜单下,单击"绘制梁"菜单项,进入梁绘制状态。在"属性"对话框单击"KL1(300 * 600)",然后在下部图示区单击 600 标注,弹出"修改变量值"对话框,将其中的

600 修改为 750，单击"确定"按钮。"属性"对话框如图 7-49 所示。

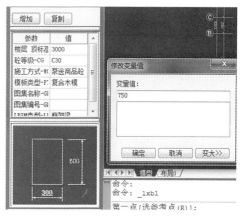

　　单击"属性"对话框的"增加"按钮，增加一根新的梁，并修改其截面为 250×500，如图 7-50 所示。单击"KL1（300×750）"，移动鼠标到绘图区，在框架方向绘制框架梁，如图 7-51 所示。单击"KL1（250×500）"，移动鼠标到绘图区，在垂直框架方向绘制联系梁，如图 7-52 所示。单击工具条右边的"三维动态观察"按钮，按住鼠标左键，动态显示三维模型，如图 7-53 所示。

图 7-49　修改变量值

图 7-50　增加梁

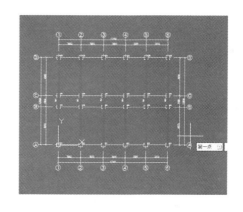

图 7-51　绘制框架梁

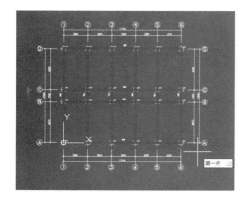

图 7-52　绘制完成联系梁

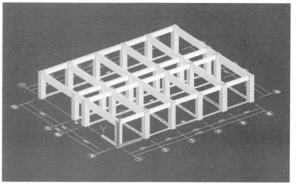

图 7-53　完成的柱的三维模型

　　至此，一层梁绘制完成。二层梁与一层完全一样，不需要重复输入，仅进行复制即可。

按工具条上的"楼层选择"按钮 2层(普通层) ▾ ，切换到二层，此时，绘图区变成空白。

单击"楼层复制"按钮 ，弹出"楼层复制"对话框，如图 7-54 所示。将源楼层设置为 1，构件只保留梁，目标楼层选择 0 和 2，单击"确定"按钮，弹出"警告"窗口，单击"确定"，经过楼层拷贝后，在 0 和 2 楼层均生成了梁。

单击菜单"视图→三维显示→整体…"，显示三维整体的效果如图 7-55 所示。

图 7-54 "楼层复制"对话框

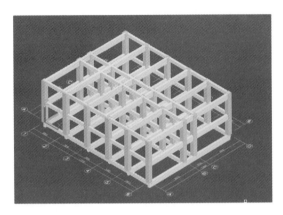

图 7-55 三维整体的效果

在"楼板楼梯 4"菜单下，单击"绘制楼板"菜单项，进入楼板绘制状态。在"属性"对话框单击"LB1(120)"，移动鼠标到绘图区，在绘图区绘制封闭的矩形，如图 7-56 所示。单击鼠标右键，完成楼板绘制。

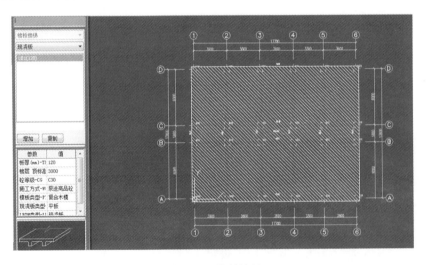

图 7-56 绘制楼板

单击工具条右边的"三维动态观察"按钮 ，按住鼠标左键，动态显示三维模型，如图 7-57 所示。

至此，一层板绘制完成。二层板与一层完全一样，不需要重复输入，仅进行复制即可。复制的过程与梁基本相同。复制完成，单击菜单"视图→三维显示→整体…"，三维整体的效果显示如图 7-58 所示。

图 7-57　完成的柱的三维模型

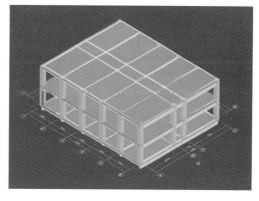

图 7-58　三维整体的效果

7.7.4　其他图元绘制

其他构件的绘制和柱、梁的绘制方法类似。读者可以自行练习。

7.8　鲁班土建 2013 的造价应用

完成建模后,可以把模型导出到造价文件,单击"工程"菜单的"导入导出"菜单项,输出造价菜单,如图 7-59 所示。

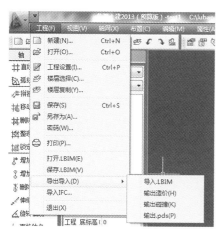

图 7-59　输出造价

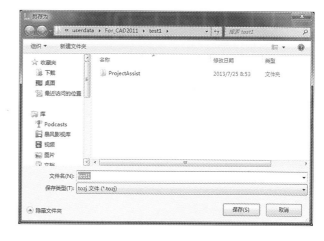

图 7-60　"另存为"对话框

弹出"另存为"对话框(图 7-60),输入文件名后,弹出"选项"对话框(图 7-61),选择输出的项目后,单击"确定"按钮,接着显示输出进度,最后弹出"输出完毕"对话框。输出的造价文件如图 7-62 所示。

利用输出的文件,可实现算量数据与造价软件的共享。＊.tozj 文件输出后,在造价软件中新建单位工程,点击"算量文件"把此文件导入后就可以生成根据工程量数据编制

图 7-61　"选项"对话框

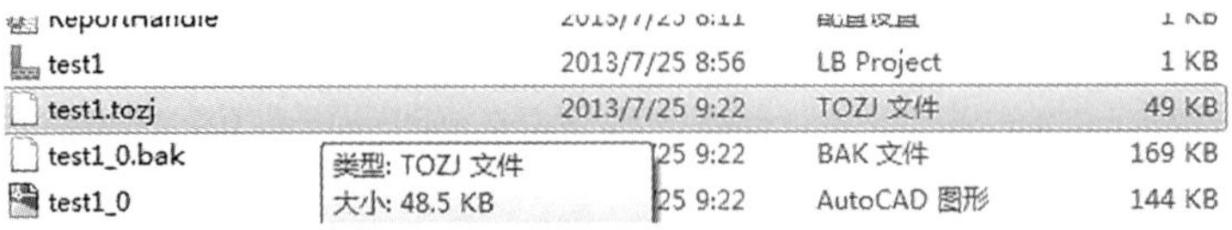

ReportHandle	2013/7/25 8:11	配置设置	1 KB
test1	2013/7/25 8:56	LB Project	1 KB
test1.tozj	2013/7/25 9:22	TOZJ 文件	49 KB
test1_0.bak	类型: TOZJ 文件	25 9:22	BAK 文件	169 KB
test1_0	大小: 48.5 KB	25 9:22	AutoCAD 图形	144 KB

图 7-62　输出的造价文件

的预算书,如要增加或删改,可在预算书的"算量"内增、删 或修改 ＊.tozj 文件。避免琐碎无效的重复录入工作,提高工作效率。例如,一个工程的土建和钢筋算量可以直接导入到造价软件中形成一份预算书,只要在造价软件中新建单位工程时,点击"算量文件"把土建和钢筋生成的 .tozj 文件一起导入,便可直接生成工程量预算书,如有遗漏也可在预算书的"算量"内增加 .tozj 文件。

第8章 基于 BIM 模型的协同应用初探

8.1 BIM 模型与其他软件的数据交换

8.1.1 BIM 软件系列及格式介绍

8.1.1.1 Revit 软件格式介绍

1. Revit 软件自身的文件格式

Revit 软件自身的文件格式见表 8-1。

表 8-1   Revit 软件格式

文件格式	. rfa	. rvt	. rft	. rte
用途	族文件（构件）	项目文件	族样板	项目样板

【说明】 Revit 的设计成果包含了大量的 BIM 数据信息，而 BIM 数据信息是需要 Revit 本身功能支持的，因此高版本的软件往往对某些功能进行了增强，或者某些高版本支持的新功能低版本是不具备的。因此 Revit 低版本的软件是无法打开高版本创建的设计成果。高低版本的 Revit 软件的数据交换，目前有效的方法一般是采用 ifc 文件。

2. Revit 支持导出导入的文件格式

Revit 支持导出导入的文件格式见表 8-2。

表 8-2   **Revit 软件导入导出格式**

Revit 支持导入/打开的数据格式	Revit 支持导出的数据格式
DWG （AutoCAD 平台）	DWG （AutoCAD 平台）
DGN （Bentley Microstation/ AECOsim 平台）	DGN （Bentley Microstation/ AECOsim 平台）
SAT （开放数据格式、目前大部分三维平台均支持此格式）	SAT （开发数据格式、目前大部分三维平台均支持此格式）
SKP （Sketchup 模型）	DWF （开源的轻量化三维数据浏览格式）
	GBXML （绿色建筑分析数据交换格式）
GBXML （绿色建筑分析数据交换格式）	ADSK （Autodesk 多平台内部 BIM 数据交换格式，如与 Inventor 数据交换）
ADSK （Autodesk 多平台内部 BIM 数据交换格式，如与 Inventor 数据交换）	FBX （三维模型及渲染，由 Autodesk 主导，目前可受大部分的游戏机可视化平台支持的数据格式）
IFC （最新支持 IFC 2×3）	IFC （最新支持 IFC 2×3）

3. 通过 API 与 Revit 进行交互

通过 API 与 Revit 进行交互实际上是通过 API 封装了第三方软件和 Revit 模型的数据接口标准,从而将第三方或 Revit 模型相互"翻译"到对方的软件环境中。通过 API 进行数据格式的操作几乎支持所有的交互需求,如图 8-1 所示。常用的基于 API 进行数据交互有:

将 Revit 模型导出为数据库,如通过 Dblink 插件将模型信息发布为数据库(.mdb,ODBC 等)。当然通过 API 也可将数据库信息还原为 Revit 模型。

第三方结构计算软件提供了相应的接口,可将 Revit 模型发布为该软件支持的结构计算模型,也可将计算结果更新到 Revit 模型中,如 Autodesk Robot,CSI Etabs,Midas 软件等。

与其他建模程序的接口,第三方建模程序往往也提供了面向 Revit 软件的 API 接口,如 Tekla 或 Rhino Grasshopper 等均提供了相关的接口程序。

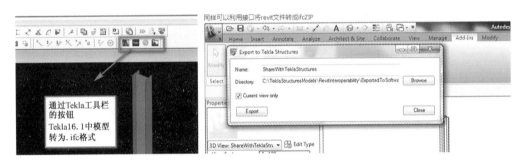

图 8-1　其他软件 API 交互

8.1.1.2　3D Max 软件支持的导入导出格式

3D Max 软件支持的导入导出格式见表 8-3。

表 8-3　　　　　　　　　　　　　**3D Max 软件导入导出格式**

3D Max 支持导入/打开的数据格式	3D Max 支持导出的数据格式
DWG (AutoCAD 平台)	DWG (AutoCAD 平台)
IGES (开放数据平台,主要三维平台支持)	IGES (开放数据平台,主要三维平台支持)
SAT (开放数据格式,目前大部分三维平台均支持此格式)	SAT (开发数据格式,目前大部分三维平台均支持此格式)
STEP/STE/STP (开放数据格式,目前大部分三维平台均支持此格式)	
CATPart (Dassult Catia)	STEP/STE/STP (开放数据格式)
FBX (三维模型及渲染,由 Autodesk 主导,目前可受大部分的游戏机可视化平台支持的数据格式)	STL (开放数据格式通过三角网络(mesh)表达三维模型)
.g\\.neu (Pro/E 模型格式)	
SKP (Sketchup 模型)	

8.1.1.3　Navisworks 的数据兼容性

Navisworks 用于项目协同管理及模型整合,因此对 Navisworks 最大的特点是对不同格式软件的成果的整合能力。下面详细介绍不同的软件格式及版本的兼容情况。

（1）Navisworks 软件支持的 CAD 文件格式如表 8-4 所示。

nwd:原 CAD 文件的快照,包含几何信息和 Navisworks 特有数据。文件很小,压缩近 80%。

nwf:只是和原文件关联,不包含几何信息。包含 Navisworks 特有的数据。文件更小。

nwc:当打开原 CAD 文件(如 DWG)产生的临时缓冲文件。和源文件在同一目录,比源文件小很多。

此外 Autodesk Navisworks 还支持读取大多数流行的 3D CAD 文件格式,表 8-4 列举了 Navisworks 支持的 CAD 文件类型。

【说明】　非特别说明,Navisworks 2013 支持的文件格式的版本向前兼容,如支持 AutoCAD 2012 的.dwg 格式,默认也支持 2010 的文件格式。

表 8-4　　　　　　　　　　Navisworks 软件支持的 CAD 文件格式

PDS Design Review	. dri	Legacy file format. Support up to 2007
Parasolids	. x_b	Up to schema 16
RVM	. rvm	Up to 12. 0 SP5
SketchUp	. skp	v5, v6 & v7
Solidworks	. prt . sldprt . asm . sldasm	
STEP	. stp . step	AP214,AP203E2
STL	. stl	Binary only
VRML	. wrl . wrz	VRML1,VRML2
	CATPart. CATProdu ct. cgr	
CIS\2	. stp	STRUCTURAL_FRAME_SCHEMA
DWF/DWFx	. dwf . dwfx	所有版本
FBX	. fbx	FBX SDK 2011. 3. 1
IFC	. ifc	IFC20_LONGFORM, IFC2X_PLATFORM, IFC2X_FINAL, IFC2X2_FINAL, IFC2X3
IGES	. igs . iges	所有版本
Pro/ENGINEER	. prt . asm . g . neu	Up to Wildfire 5. 0 & Granite 6. 0
Inventor	. ipt . iam . ipj	Up to Inventor 20123
Informatix MicroGDS	. man . cv7	v10
JT Open	. jt	v8. 0 & v8. 1 only – based on v8. 1 rev B specification

（2）Navisworks 支持导出的文件格式类型如表 8-5 所示。

表 8-5　　　　　　　　　　Navisworks 2013 支持导出的文件格式

产品\文件导出	32 位	64 位
Autodesk AutoCAD 2007	是	
Autodesk AutoCAD 2008—2013	是	是

续表

产品\文件导出	32 位	64 位
Autodesk 3ds Max 9	是	是
Autodesk 3ds Max 2008—2013	是	是
Autodesk 3ds Max Design 2010—2013	是	是
Autodesk Revit Building 9.0 / Structure 3.0 / Systems	是	
Autodesk Revit Building 9.1 / Structure 4.0 / Systems 2.0	是	
Autodesk Revit Architecture / Building / MEP 2008	是	
Autodesk Revit Architecture / Building / MEP 2009—2013	是	是
Autodesk VIZ 2007 — 2008	是	
ArchiCAD 9 / Vico Constructor 2005	是	
ArchiCAD 10 / Vico Constructor 2007	是	
ArchiCAD 11 / Vico Constructor 2008	是	
ArchiCAD 12 / Vico Constructor 2009	是	
ArchiCAD 13 / Vico Constructor 2010	是	是
ArchiCAD 14	是	是
ArchiCAD 15	是	是
Bentley Microstation J	是	
Bentley Microstation 8	是	
Bentley Microstation 8.9	是	
Bentley Microstation V8.1	是	

（3）Navisworks 支持的激光扫描的文件格式如表 8-6 所示。

表 8-6　　　　　　　**Navisworks 2013 支持的激光扫描的文件格式**

Format	Extension	File Format Version
ASCII 扫描文件	. asc . txt	不确定
Faro	. fls . fws . iQscan . iQmod . iQwsp	FARO SDK 4.6
Leica	. pts . ptx	不确定
Riegl	. 3dd	3.5 版本或更高
Trimble	Native file NOT supported. Convert to ASCII laser file	同 ASCII 扫描文件
Z+F	. zfc . zfs	SDK V2.2.1.0

（4）Navisworks 支持的报表软件如表 8-7 所示。

表 8-7　　　　　　　**Navisworks Simulate /Manage 2013 支持计划软件文件格式**

Vendor	Product	File Format	Notes
Asta	Powerproject 10 (10.0.04—087) 11 (11.0.04—227) 12 (12.0.01—085)	. pp	需要 Asta Powerproject 安装在同一台机器上建立链接关系

续表

Vendor	Product	File Format	Notes
Microsoft	Project 2007（SP1）to 2010	.mpp	需要 Microsoft Project 安装在同一台机器上建立链接关系
Oracle	Oracle Primavera Engineering and Construction 6.2.1（SP4 Hot Fix 1）7.0（SP4）8.2	n/a	Requires Primavera v6，7 or 8 Engineering and Construction to be installed locally or remotely，along with the corresponding version of the Primavera SDK. TimeLiner connects to the Primavera database via an ODBC data source link
Oracle	Primavera P6 Web Services 6.2.1（SP1 Hot Fix 1）7.0（SP1 Hot Fix 1）8.0	n/a	Requires Primavera P6 v6，7 or 8 Web Services installed within a suitable Web Application Server such as Oracle Web Logic or JBoss on the same machine as your P6 database
Microsoft	Microsoft Project Exchange Format	.mpx	无须安装任何软件，这是一种通用的文件格式，并能导出为其他类型的明细表
N/A	CSV Exchange Format	.csv	无须安装任何软件，Navisworks Simulate / Manage 可将 TimeLiner 任务信息导出为此文件格式

8.1.2　实际项目常用软件交互工作流

基于常用的项目流程几条典型的数据交换模式：

1. 与 Revit 模型相关的数据交互

（1）Revit 模型通过内置的分析接口导入到分析软件 Autodesk Robot 中进行结构计算及钢筋设计，Revit 基于返回计算结果创建 3D 钢筋。

（2）Revit 模型发布为 FBX，导入到 Autodesk Infraworks 中创建交通场地实景。

（3）Revit 模型发布为 GBXML 绿色分析计算模型在 Ecotect 及 Green Building Studio 中进行绿色分析。

（4）Revit 模型在 Buidling Design Suite 内置工作流中直接发布为 3D Max 中进行渲染及照度分析。

2. 基于 Revit 族文件的交互式应用

（1）Inventor 创建的族文件直接保存为 Revit 族文件。

（2）Skp 文件直接封装为 Revit 的族文件。

3. 其他典型的基于 Revit 软件的交互流程

其他典型的基于 Revit 软件的交互流程如图 8-2 所示。

4. 与 Navisworks 模型相关的交互

Navisworks 整合 Revit、Teklar、Microstation 及 Catia 模型进行综合模型检查、干涉检测，及作业进度模拟等。

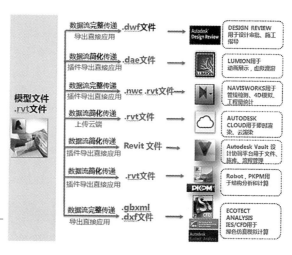

图 8-2　基于 Revit 软件设计及模拟

5. 基于 Infraworks 软件的相关交互应用

(1) Revit 模型发布为 FBX 格式,置于 infraworks 中进行基于 GIS 的协同。

(2) 将 Civil 3D 生成的 3D 场地模型加载到 Infraworks 中并生成 3D 场地。

(3) 整合 Google 地图上的图案并贴合到 3D 场地中。

(4) 将模型发布为 web 页面格式及 ipad 客户端格式进行基于移动平台的浏览。

6. 与 Teklar 软件相关的数据交互

(1) Teklar 模型发布为 IFC 2×3 格式,然后经 Revit 整合为场地景观模型。

(2) Teklar 模型发布为 IFC 2×3 格式,在 Revit 中添加实体钢筋。

7. 与 Bentley Microstation 软件相关的数据交互

(1) Microstation 的 .dgn 格式可直接 save as 成 .dwg 格式,从而支持基于 .dwg 格式的各种交互或应用。(基于 2008 年 Bentley 和 Autodesk 的协议,可用对方的环境打开对方的文件格式),图 8-3 为 Microstation/AECOsim 支持打开或编辑的文件格式。

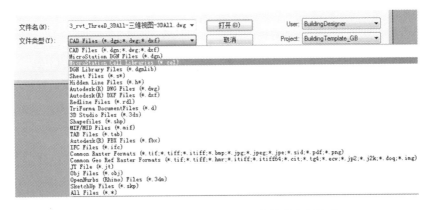

图 8-3　Microstation/AECOsim 支持的文件格式

(2) Bentley 跨产品协作通常采用 i-model,i-model 是轻量化的模型,类似于 nwd,Revit 模型可通过 i-model for Revit plugin 发布为 i-model,然后可以在 Bentley 软件中进行操作,如 Bentley Navigator 中进行干涉检查,在 Microstation 中打印为 3D PDF 等。

(3) DGN 模型可基于 Microstation 平台发布为 IFC (2×3),支持 Autodesk 相关产品 IFC 的操作,如 Revit 打开 IFC 模型编辑或添加钢筋等。

8.1.3　Revit 和 Ecotect 数据交换说明

8.1.3.1　数据格式说明

1. DXF 格式

图形交换格式由 Autodesk 开发(1982),此文件格式是为了与 CAD 程序之间交换信息而创建的。从 CAD 程序传递到 DXF 文件的典型信息包括矢量和图层信息。该文件格式已被广泛应用很长时间了,但对于转换几何信息(例如线和弧)仍然非常有用。它可以是二进制文件,也可以是 ASCII 文本文件。

2. GBXML 格式

GBXML 格式(Green Building XML Schema)是由 Autodesk Green Building Studio 开发的通用格式,此格式是为了便于传递存储在 BIM 中的 Information 而设计的。它通常称

为 Green Building XML 或 GBXML,是一种可扩展标记语言文件,文件扩展名为. xml。此格式是一种可靠的、非专有的、持久的和可验证的文件格式。GBXML 文件格式便于在采用 XML Schema 的所有软件工具(包括 HVAC 设计应用程序、能量分析应用程序等)之间交换数据。

3. IFC 格式

来源 International Alliance for Interoperability(1995)。由于 BIM 软件是在 20 世纪 90 年代后期创建的,因此 BIM 文件中对象所包含的信息比传统 CAD 程序中对象所包含的信息要多。CAD 处理的是绘图元素(点线面),而 BIM 以智能对象(例如墙、门和窗)为主。这些对象包含更多信息,例如材质、分类、参数以及管理信息。DXF 缺少将此额外信息在程序之间进行传递的能力。IFC 文件格式(也是基于文本的文件)被构造为允许在 BIM 软件程序之间以智能对象(而不是使用 DXF 时的几何图形集合)的形式传递该额外信息。

IFC 最新的数据格式为 2×4,目前大多数的商业模型软件支持的格式为 2×3。

8.1.3.2 Revit 导入 Ecotect 数据格式

1. GBXML——基于分区和空间的模型

Revit 房间=Ecotect 区域(Zone)。

基于分区和空间的模型包含建筑图元、墙、楼板、屋顶和洞口,但不包含更详细的建筑几何图形(例如扶手和楼梯)。

2. DXF/IFC——基于几何图形的模型

如图 8-4 所示,基于几何图形的模型(例如 IFC 或 DXF)包含建筑的所有几何图形。

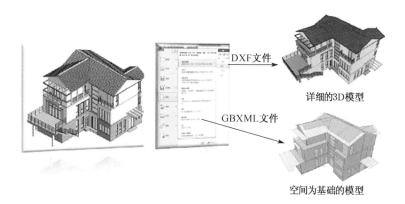

图 8-4 DXF 与 GBXML 文件区别

GBXML 格式的文件是以空间为基础的模型,房间的围护结构包含"屋顶"、"内墙和外墙"、"楼板和板"、"窗"、"门"以及"洞口",都是以面的形式简化表达的,并没有厚度,而且没有构件的细部。而非房间围护结构的部分则是以外部平面的形式表达的,这些外部平面模型可能在数据传递的过程中丢失一部分。DXF 文件是详细的 3D 模型,建筑构件都是有厚度的。

8.1.3.3 不同格式的文件分析用途

(1) GBXML 格式的文件主要可以用来分析建筑的热环境、光环境、声环境、资源消耗量与环境影响、太阳辐射分析,当然,也可以分析阴影遮挡、可视度等方面。

(2) DXF 格式的文件适用于光环境分析、阴影遮挡分析、可视度分析,同 GBXML 文件相比,DXF 文件因为其建筑构件有厚度,分析的结果显示效果更好一些,但是对于较为复杂的模型来说,DXF 文件从 Revit Architecture 导出或者导入 Ecotect Analysis 的速度都会很慢。

(3) DXF 文件由于保留了导入之前的建筑细节,而这些细节往往并非计算模型的必要部分,因此在模型发布为 DXF 之前需尽量对模型予以优化,以满足计算模型简单的需要。如 A 地道项目中在进行相关的分析之前将模型进行了相应的简化以降低模型细节对速度的影响。

(4) DXF 中的圆弧、缓和曲线或曲面在 Ecotect 中会通过一系列的三角形进行拼接,因此处的几何信息十分巨大,建议在 Ecotect 中以直代曲进行拟合,以提高速度。

(5) 对于 Ecotect 来说,无论是通过 GBXML 还原的模型还是通过 DXF 导入的模型,通过 Ecotect 打开后即为其处理的几何对象,对其进行建筑性能分析时并没有本质不同。一般实际的应用往往是通过两种方式的组合应用,GBXML 通常处理建筑空间的模型,而DXF 通常用于处理建筑细部的模型,在协同的坐标系下,Ecotect 可将两者的模型组合到同一个计算模型中。

8.2 BIM 模型的结构分析实战

以下通过某基础设施实际项目(A 地道项目)为例,展示基于 BIM 工作流程,从模型到分析优化设计,到施工图创建的全部过程。本案例通过 Revit 2013 创建结构物理与分析模型,通过 Autodesk Robot Structural Analysis Professional 进行结构分析、设计优化,最后根据分析的结果在 Revit 软件中创建结构施工图。

项目分段见图 8-5,其中绿色部分为开口段编号从左到右分别是 B1~B5,B6~B10;红色部分为暗埋段,编号从左到右分别是 A1~A7。

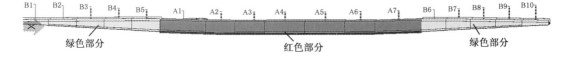

图 8-5　地道项目案例分段

8.2.1　Revit 结构模型

8.2.1.1　物理模型

1. 暗埋段建模

A 地道项目暗埋段共有 7 段,编号 A1~A7,均能满足自重抗浮要求,无须设置抗拔桩,通过顶底板、侧墙和中隔墙分段建立暗埋段物理结构模型。

2. 顶、底板

在 Revit 建模中,选择"楼板:结构"命令按照建筑模型当前的标高创建结构楼板,往往在地道结构中,某一节段的顶底板是倾斜的,因此在创建楼板时需要注意添加楼板"坡度",指定"头高"和"尾高",再选择合理的跨度方向,即可完成顶底板的建模工作。若完成后发现楼板的边界尺寸不正确,可以采用"编辑边界"在当前的建筑标高上直接进行尺寸修改。

当然,在建模中首先需要选择顶底板的厚度、材料等信息,在 Revit 中有编辑"楼板"的"编辑类型"中可以进行设置,如图 8-6、图 8-7 所示。

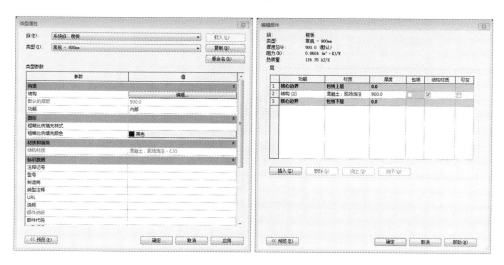

图 8-6　参数设置窗口

图 8-7　暗埋段 A1 顶板(600 mm)和底板(800 mm)

3. 侧墙、中隔墙

在 Revit 建模中,选择"墙:结构"在建筑模型中创建承重墙或剪力墙,当需更改墙的厚度和材料等信息时,也是在"墙"的"编辑类型"中进行设置。若顶底板是倾斜的,那么墙的顶底面必定也是倾斜的,可以采用"编辑轮廓"命令在立面上拾取顶底板边线或者直接采用"附着:顶部/底部"直接附着到顶底板

图 8-8　墙的修改命令

上,如图 8-8、图 8-9 所示。

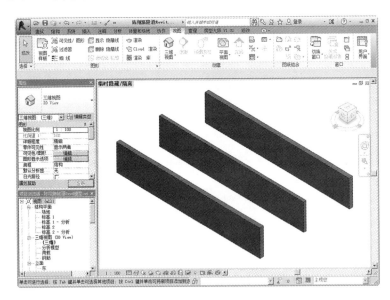

图 8-9　暗埋段 A1 侧墙(700 mm)和中隔墙(500 mm)

4. 敞开段建模

A 地道敞开段共有 10 段,编号 B1～B10,其中,B1、B2、B9、B10 自重抗浮满足要求,因此无须设置抗拔桩;而 B3～B8 这 6 节自重抗浮不足,需设置抗拔桩以达到抗浮要求。在 Revit 中,通过楼板、墙体、圆柱等族命令分段将敞开段模型搭建完成。

5. 底板、侧墙

敞开段的底板和侧墙建模与暗埋段的顶底板、侧墙建模方法一致,如图 8-10、图 8-11 所示。

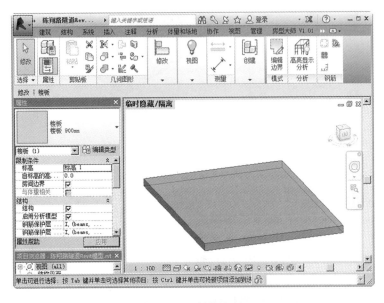

图 8-10　敞开段 B5 结构底板(900 mm)

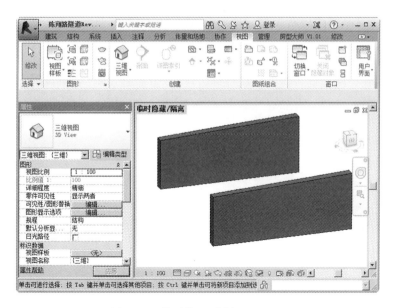

图 8-11 敞开段 B5 侧墙(900 mm)

6. 抗拔桩

抗拔桩在 Revit 中没有现成的族文件可以使用,应根据桩实际的尺寸和材料参数进行可载入族文件的定制,此处需要新建"公制结构柱"文件。在该族中建立抗拔桩,再重新载入到指定的项目中去。

【注意】 只有"公制结构柱"创建的桩才会有结构分析线,如图 8-12 所示。

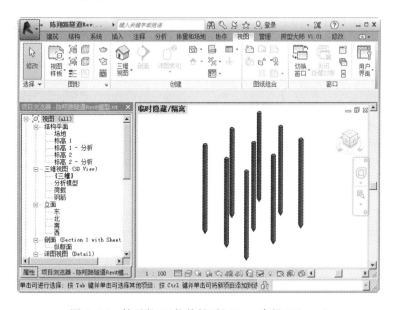

图 8-12 敞开段 B5 抗拔桩(长 20 m、直径 800 mm)

8.2.1.2 结构分析模型

Revit Structure 不但可以用来创建物理模型,而且也可以同时创建结构分析所用到的结构模型,例如,构件边界条件、结构荷载、梁分析模型、柱分析模型、楼板分析模型等,承载这些信息的模型就是结构分析模型。Revit Structure 本身不具备结构分析功能,其结构分析的实现,需要通过和第三方结构分析软件结合来完成。

结构分析模型是 Revit 和结构分析软件数据传递的载体,Revit 在创建实体模型的同时,会自动创建和实体模型一致的结构分析模型,仅需通过适当的可见性设置,就能检查并修改结构分析模型。图 8-13 是结构物理模型,图 8-14 是结构分析模型。

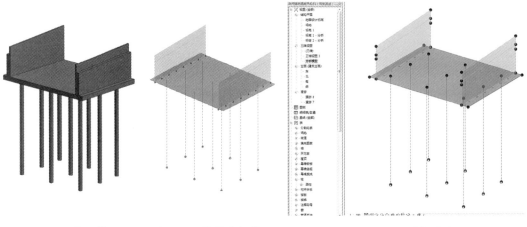

图 8-13　物理模型　　　图 8-14　结构分析模型　　　图 8-15　分析节点

1. 结构模型调整

在结构分析模型视图下,从功能区依次点击"分析"→"分析调整",在绘图区域各线性构件的端点会出现"分析节点",如图 8-15 所示。

在绘图区域,单击选中的"分析",即出现该分析节点的局部坐标系,按空格键可改变坐标表示符号。可通过拖动局部坐标系各方向来改变分析节点的位置,节点可任意方向拖动,拖动单个坐标方向轴可在该坐标系轴上改变节点位置,修改分析模型但不会影响物理模型,如图 8-16 所示。

图 8-16　节点局部坐标系

2. 结构模型检查

在"分析"功能下,点击"检查支座",软件会自动检查结构图元(如柱、楼板、墙等)是否连接到支撑图元,并检查支座的边界条件。

点击"一致性检查",可以验证物理模型和结构分析模型的一致性。若发现不一致,就能自动弹出警告窗口,须按照警告要求对模型加以修改以满足要求,如图 8-17 所示。

3. 结构模型导出

在创建完成物理模型和结构分析模型并对结构模型经过适当的编辑和检查后,就可以将 Revit 模型导入到结构分析软件进行分析计算。目前,Autodesk Robot

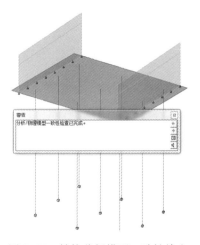

图 8-17　结构分析模型一致性检查

Structure Analysis软件与 Revit 兼容性良好，能够实现无缝连接。

　　检查完毕后，单击功能区面板"分析"下的"分析和代码检查"按钮，在弹出的下拉菜单（图 8-18）中单击"Robot Structural Analysis 链接"，弹出如图 8-19 所示的对话框，在此对话框中，可以设置"发送模型"到 Robot，也可以设置从 Robot 更新到 Revit。

图 8-18　分析和代码检查

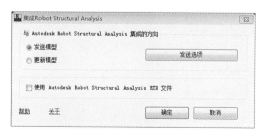

图 8-19　集成 RSA 窗口

　　选择"发送模型"，单击"发送选项"，弹出对话框，可以进行"范围和校正"、"自重工况"、"杆端释放"、"材料"、"幕墙"等参数的选择，如图 8-20 所示。

图 8-20　模型发送选项

　　当设置完成后，返回集成 Robot 对话框，单击"确定"，开始发送模型，直到发送成功，如图 8-21 所示。

图 8-21　发送到 Robot 完成

8.2.2　Robot 结构分析

8.2.2.1　力学模型

1. 地基反力模型

结构自重及外部竖向荷载作用于地基表面单位面积上的压力为基底压力，根据作用与反作用原理,地基又给底板底面一个大小相等的反作用力,称之为地基反力。影响地基反力分布形式的因素较多,如结构刚度、荷载分布及其大小、底板平面的形状和尺寸、地基土性质、施工条件等。为便于计算,地基反力模型假定结构底板下方的地基反力呈直线分布,其模型计算见图 8-22。

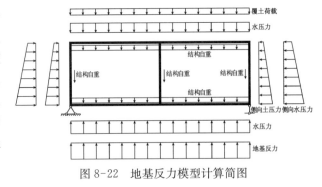

图 8-22 地基反力模型计算简图

2. 弹性地基模型

由于底板搁置在地基上,底板上作用有荷载,因此结构底板在荷载的作用下将于地基土层一起产生变形,因而底板底与地基土表面存在相互作用的反力 σ,其大小与土层变形量有关。采用文克勒地基模型模拟土层,假定土体为许多独立的且互不影响的弹簧,土体表面任一点的沉降与该点单位面积上所受的压力成正比,即:

$$z = \frac{p}{K}$$

式中　　z——土层沉降值(m);

K——基床系数(kN/m^2);

p——单位面积上的压力强度(kPa)。

因此在弹性地基模型中,土体将和结构共同参与受力,与结构变形协调,其模型计算简图如图 8-23 所示。

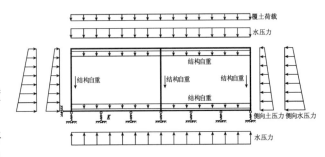

图 8-23 弹性地基模型计算简图

地基反力模型与弹性地基模型的主要区别如下:

(1)地基反力模型只在底板角点处与地基相连,故其支座反力是有限个未知力,因此结构为有限次超静定结构;弹性地基模型中底板反力连续分布,即相当于有无穷多个支座及未知反力,因此结构为无限次超静定结构。

(2)地基反力模型中支座为刚性铰支座,忽略结构下方土体的变形而只考虑结构本身的变形;弹性地基模型则同时考虑土体变形,即结构与土体共同变形。

3. 边界条件

RSA(Robot Structure Analysis)软件中,可根据需要对结构模型施加不同的约束类别,分别为节点、线及平面。每一种约束类别下又可细化为刚性、弹性、摩擦、间隙、非线性及阻尼 6 项,用户可由此自定义约束。

针对地道工程的结构计算,地基反力法与弹性地基梁法之间的主要差别即在于对结构的约束形式存在差异,因此在有限元建模过程中应注意到这一点。

4. 地基反力模型

根据地基反力模型的计算简图,需在底板角点处施加铰约束,以限制两点的竖向位移,同时限制结构的整体水平向平动。

在该有限元模型中,需在底板角点处采用线性约束。如图 8-24 所示,在线性约束选项卡中新建约束形式,打开约束定义窗口。由于不允许结构在约束点发生线位移,但可以自由转动,故应在刚性选项卡内进行编辑。

图 8-24　地基反力模型的约束定义

以约束 Z 方向位移为例,当勾选 UZ 选项,则表示该点将不发生 Z 方向的位移,取消勾选则意味着对 Z 方向无约束。

显然,地基反力模型中需定义两种不同的约束形式,一项为限制三轴线位移的铰接约束,另一项为仅限制 Z 方向的线位移。地基反力模型的约束如图 8-25 所示。

在弹性地基梁模型中,将底板下土体假定为许多独立的且互不影响的弹簧,故在有限元模型中需在底板处施加多组竖向弹簧以模拟土体变形对于结构的影响。

由于弹性约束作用于整个底板底部,因此应选择平面约束选项卡。新建约束后选择弹性,即可设置不同方向的弹性系数。同样以 Z 向约束为例,当勾选 UZ 前的选项框,其对应的弹性系数不可编辑,所选平面将不产生 Z 向位移;取消勾选后,弹性系数则能被编辑,默认值为 0.00 kN/m,即 z 向无约束,如图 8-26 所示。

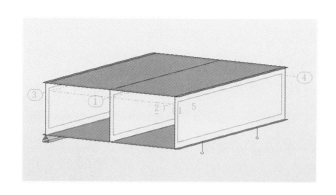

图 8-25　地基反力模型约束

图 8-26　弹性地基梁法约束定义

此处仅考虑底板下土体对结构的作用,故 6 项约束全部取消勾选,并在 UZ 项内输入底板底所在土层的竖向基床系数 k_v。此外为防止结构在 xy 平面的刚体平移及转动,可对一侧底板角点施加线约束,限制 x、y 方向线位移,完成的模型如图 8-27 所示。

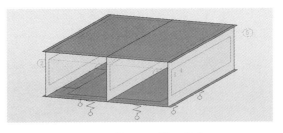

图 8-27　弹性地基模型约束

8.2.2.2　抗拔桩约束

由于抗拔桩直径 800 mm,长 20 m,插入土中深度够深,摩阻力完全满足抗浮需求,几乎不产生向上位移和绕轴转动,因此设定抗拔桩底部为固定端约束;由于抗拔桩顶部锚入地道结构底板内部,钢筋连通,所以顶部与底板也是固定连接,如图 8-28 所示。

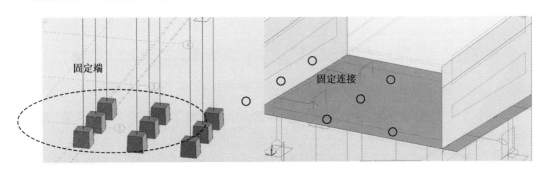

图 8-28　抗拔桩桩顶、桩端约束

8.2.2.3　荷载输入

1. 荷载类型

RSA 中将荷载分类为恒载、活载、风荷载、雪荷载、随机荷载及地震作用 6 项。

首先需定义荷载类型,对于常规的地道结构,可定义以下 4 项荷载:结构自重、顶板土压力、侧向土压力、侧墙水压力。当采用地基反力模型时,还需增加底板反力使结构达到平衡状态。在 RSA 中,荷载类型设置如图 8-29 所示。

RSA 中将荷载分为节点、线、平面、自重和质量四类,即分别代表点荷载、线荷载、面荷载及体荷载。因此在向结构施加荷载前,用户应根据荷载性质自行判断该荷载在 RSA 中对应的分类。

2. 竖向荷载

恒载中首先要考虑结构自重。由于在 Revit 中建模时已赋予构件材料信息,因此在导入 RSA 后这些材料的物理参数仍然保留。选中需要查看的构件后,可在界面左下角显示所选构件的基本信息。在"性质"栏下即可查看该混凝土构件的相关信息,如图 8-30 所示,包括弹性模量、泊松比、剪切模量、容重等物理

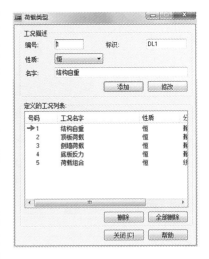

图 8-29　荷载类型设置

参数。

在施加荷载前,应先在"荷载类型"的工况列表中选定结构自重的工况,再打开荷载定义菜单(施加其他荷载时也应按此步骤实行,以避免荷载工况与所施加的实际荷载不符)。在"自重和质量"选项卡中选择"整个的结构自重"并应用。此时灰色的模型构件边缘会出现红色轮廓,即表示结构自重荷载已在此工况中添加完成,如图 8-31 所示。

3. 顶板荷载

在工况列表中选择竖向荷载工况,并选择荷载定义下的"表面"选项卡。顶板荷载是由顶板上方水土自重及地面超载引起,故在输入数值时应在 Z 方向输入负值。添加该荷载后选择顶板模型,并点击应用,此时模型将显示竖直向下的面荷载,如图 8-32 所示。

4. 地基反力

无论采用地基反力模型还是弹性地基模型,都需在底板施加地基反力或水反力。反力方向竖直向上,与 Z 轴正方向一致,因此需输入正值,其添加过程与顶板荷载相似,故不再赘述。

图 8-30　查看构件信息

图 8-31　添加结构自重荷载

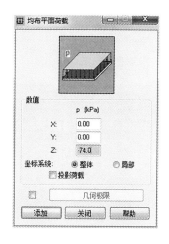

图 8-32　添加竖向荷载

5. 水平荷载

常规地道设计中,一般将侧向土压力、水压力分开进行计算,而当在 RSA 中输入地质、水文条件后,程序将自动计算结构所受到的侧向土压力及水压力,因此在定义荷载类型时需注意这一点,水平荷载仅设置一项侧向荷载即可。

1)编辑土层数据库

在"荷载"菜单栏下找到"特殊荷载"中的"土压力"选项,打开"土荷载"编辑窗口。点击"参数"后即可在"土体数据库"中输入各土层物理参数,如图 8-33 所示。需要注意的是,其中的"凝聚"一

图 8-33　土体数据库

栏应填写的是土体的"黏聚力","E_0"一栏建议填写土体的压缩模量 $Es_{0.1-0.2}$。

完成上述参数输入后,勾选在本工程中涉及的土层,则其余未勾选的土层在土层编辑中将不予显示。

2）编辑土层

在土压力"土体"选项卡内编辑土层信息,分别输入各土层标高或厚度形成土层柱状图,如图 8-34 所示。土层信息可保存为 .xml 文件,并在其他计算项目中调用。由于计算假定土体对侧墙产生静止土压力,故应将 f/H 设置为 0；地下水位根据地质报告设为 6.5 m,即地表以下 0.5 m。

6. 地面超载

在土压力"荷载"选项卡下可输入地面超载,此处荷载类别应使用"均匀",超载值取 20 kPa,如图 8-35 所示。

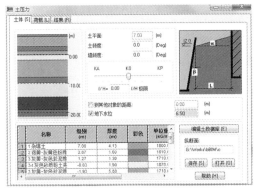

图 8-34　土层编辑　　　　　　　图 8-35　地面超载

7. 输出结果

在完成上述土层、超载设置后,可在"结果"选项卡下得到侧向水、土压力值。在荷载图表内可移动光标以观察不同埋深下的侧压力值,此值为水土分算情况下的水、土压力合计值,如图 8-36 所示。

点击"计算报告"可输出 .rtf 格式的计算报告,如图 8-37 所示。报告中列出了各层土层的基本信息,并列出相应的主动、静止、被动土压力系数。此处静止土压力系数公式为: $K_0 = 1 - \sin\varphi'_k$。

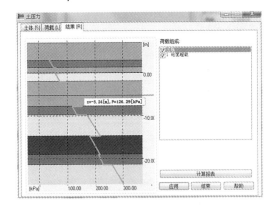

图 8-36　土压力计算结果　　　　　　图 8-37　土压力计算报告

8. 施加土压力

侧向土压力的施加方式同顶、底板荷载，此处不再赘述。

9. 荷载组合

在"荷载"菜单下选择"手动组合"，即可对荷载工况组合进行设置。由于地道结构配筋主要由裂缝控制，故荷载应采用标准值，此处的因数设置为1.00。添加各项荷载至右侧列表并点击"应用"后完成荷载组合设置。此时即可在"荷载类型"中显示设置的荷载组合，如图8-38所示。

图8-38 荷载组合设置

8.2.2.4 网格划分

在选择需要网格划分网格的构件情况下，选择"分析"菜单下的"网格划分"并打"网格选项"对话框，如图8-39所示。构件可划分为"三节点三角形单元"或"四节点四边形单元"，由于地道的模型几何形状规则，适合使用四边形单元进行网格划分，且其结果精度高于三角形单元，故建议优先使用"四节点四边形单元"。

8.2.2.5 内力、位移计算

完成上述操作后，点击"计算"，程序即弹出对话框并开始逐一计算各工况，计算窗口将显示当前求解状态、计算工况等信息，如图8-40所示。

当计算完成后，在"结果"菜单下选择"彩图"，调出"彩图"对话框。可在该对话框内选择查看结构各项内力、变形情况，结果将即时显示在模型中，并在视图框右下角标出相对应的工况。打开"荷载类型"对话框选择不同工况序号，可查看不同工况下的内力情况，而结构最终的结算结果则是根据各单一荷载工况的计算结果进行线性叠加得到的，具体叠加方式则取决于荷载组合的定义。

在"彩图"窗口中"详细的"选项卡下选择 xx 方向弯矩，将显示出结构的弯矩云图。计算结果见图8-41—图8-44。

图8-39 有限元网格划分设置

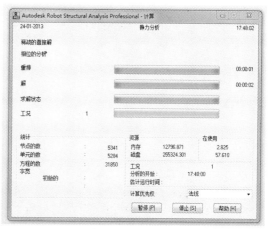

图8-40 计算窗口

1. 敞开段受力计算

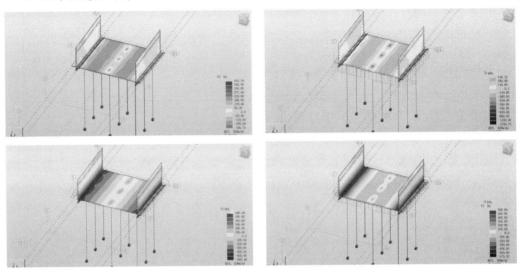

图 8-41　敞开段 B5 弯矩云图

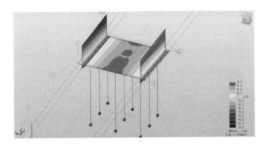

图 8-42　敞开段 B5 竖向位移云图

2. 暗埋段受力计算

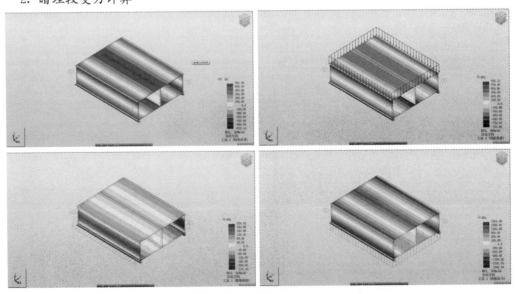

图 8-43　暗埋段结构弯矩云图

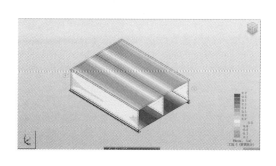

图 8-44　结构竖向位移云图　　　　　　图 8-45　支座显示设置

当采用弹性地基梁进行计算时,可在显示界面单击鼠标右键,选择"显示"选项,如图 8-45 所示。在"显示"中取消勾选"支座"项,以便对结构底板进行观察。

8.2.2.6　配筋计算

在"设计"菜单下选择"墙/板的理论配筋一选项",新建配筋选项,分别对顶板、底板、侧墙、中隔墙等进行配筋设置。在设置时应注意构件内、外侧的区分,相关参数应根据现行混凝土及相关规范进行设置(图 8-46)。

参数设置完成后,选择模型中相对应的构件,并点击添加。

分别对结构各构件进行设置,并点击"混凝土板/墙体的理论配筋",即可得到结构构件的配筋云图(图 8-47)。

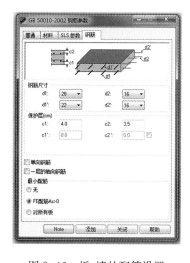

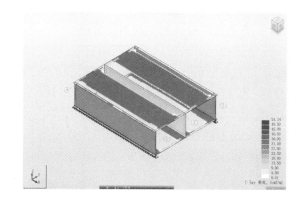

图 8-46　板、墙的配筋设置　　　　　　图 8-47　结构构件的配筋云图

8.2.3　结果有效性对比分析

8.2.3.1　不同计算模型的结果对比分析

此处分别采用地基反力模型及弹性地基模型对暗埋段结果进行内力计算,以观察两种

不同计算模型对于内力计算结果的影响,并仅以结构暗埋段为例进行分析。

地基反力模型的计算结果中顶、底板最大弯矩均出现在结构中部,弯矩值分别为 716.24 kN·m 和 619.22 kN·m。弹性地基模型的计算结果中最大弯矩同样出现在结构中部,分别为 669.32 kN·m 和 652.40 kN·m。

对比两种不同计算模型的结果,可得到以下结论:当采用地基反力模型计算暗埋段结构时,其顶板最大弯矩略大于弹性地基模型的计算结果,而底板最大弯矩则小于后者,见图 8-48、图 8-49。

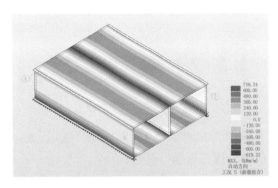

图 8-48　暗埋段结构弯矩图(地基反力法)　　图 8-49　暗埋段结构弯矩图(弹性地基梁法)

这主要是由于弹性地基梁模型中,底板下方的地基土将约束底板的变形,即结构与土体相互作用,故其底板处的实际刚度将略大于地基反力法中的底板刚度,也因此承受更大的内力,而顶板则相对承受较小的内力。

值得注意的是,由于底板厚度为 900 mm,刚度较大,而底板下方的土层竖向基床系数相对较小,即结构的刚度远大于土层,采用弹性地基模型时,土层对于结构的约束是有限的。因此最后两种计算模型内力的绝对值相差并不大,可见当土层刚度较小而结构刚度较大时,采用地基反力模型计算结构内力是可行的,且计算更为简便。

8.2.3.2　不同计算软件的结果对比分析

常规地道结构分析仅进行平面刚桁架计算分析,不考虑其空间效应,而 RSA 结构分析为三维空间效应分析。为验证 RSA 结构分析结构的有效性,采用 ANSYS 有限元软件进行对比分析;为简化分析流程,仅利用 ANSYS 软件进行平面刚桁架计算分析。

1. 敞开段

选择 A 地道敞开段 B1 段,采用 ANSYS 和 Robot 进行对比分析。

里程桩号:K3+220.0～K3+237.0,$L=17.0$ m,截面参数见表 8-8。

表 8-8　　　　　　　　　　　　　**B1 段截面参数**　　　　　　　　　　　　单位:m

底板	侧墙	墙高	地下水位
0.5	0.5	3.25	0.5

该阶段所处的土层信息见表 8-9。

在 ANSYS 选取埋深最深一段(单位宽度)进行平面结构受力计算,计算得到底板跨中弯矩最大值为 277.6 kN·m,侧墙底最大弯矩 55.25 kN·m,见图 8-50、图 8-51。

表 8-9   **B1 段土层信息表**

土层名称	标高/m	厚度/m	重度/(kN·m⁻³)	摩擦角/(°)
填土	4.69	1.35	1 800	29.3
褐黄—灰黄色粉质黏土	3.34	1.40	1 810	29.3
灰黄—灰色淤泥质黏土	1.94	1.40	1 710	24.1
灰色砂质粉土夹粉质黏土	0.54	0.70	1 870	32.5
灰黄—灰色淤泥质黏土	−0.16	7.00	1 710	24.1

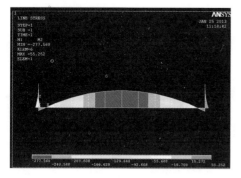

图 8-50　敞开段 B1 段结构弯矩图
（平面刚桁架）

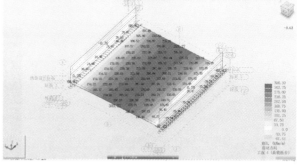

图 8-51　敞开段 B1 段结构弯矩图（BIM）

在 Revit 中将整段敞开段 B1 段模型导入到 Robot 后,添加地基水反力、侧向水土压力
(水土分算)并施加约束后,进行计算得到弯矩分云图,其弯矩分布与平面刚桁架的计算结果
基本相吻合,底板中部的最大弯矩值为 286.8 kN·m,侧墙底部弯矩分布不均匀,呈现两端
大、中间小的现象,最大值为 61.3 kN·m。控制点弯矩值对比见表 8-10。

表 8-10   **控制点弯矩值对比(地基反力模型)**

位置	RSA 计算弯矩值/(kN·m)	平面刚桁架弯矩值/(kN·m)	误差
侧墙底	61.3	55.25	10.9%
底板跨中	286.8	277.6	3.3%

2. 暗埋段

选择 A 地道暗埋段 A4 段,采用 ANSYS 和 Robot 进行对比分析。

里程桩号:K3+369.0～K3+392.0,L=23.0 m,截面参数见表 8-11。

表 8-11   **A4 段截面参数**   单位:m

顶板	底板	侧墙	隔墙	覆土	地下水位
0.9	0.9	0.9	0.5	2.16	0.5

该阶段所处的土层信息见表 8-12。

地基反力模型如图 8-52 所示。

经 RSA 计算后,采用地基反力法的结构弯矩中结构侧墙、顶底板在变形缝处弯矩值较
大,沿纵向向中心逐渐变小并趋于稳定,与实际工况相符。

表 8-12 A4 段土层信息表

土层名称	标高/m	厚度/m	重度/(kN·m⁻³)	摩擦角/(°)
填土	7.00	4.13	1800	29.3
褐黄—灰黄色粉质黏土	2.87	1.60	1 810	29.3
灰黄—灰色淤泥质黏土	1.27	1.30	1 710	24.1
灰色砂质粉土夹粉质黏土	−0.03	1.90	1 870	32.5
灰黄—灰色淤泥质黏土	−1.93	5.80	1 710	24.1
灰色砂质粉土	−7.73	2.00	1 800	33.0

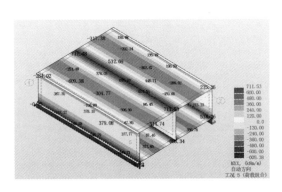

图 8-52 暗埋段 A4 段结构弯矩图（BIM）　　　图 8-53 暗埋段 A4 段结构弯矩图（平面刚桁架）

为便于计算，当采用平面刚桁架进行结构计算时，则将三维空间的问题简化为平面应变问题，其计算结果应与 RSA 模型中心截面相比较。采用平面刚桁架计算的暗埋段结构弯矩中顶板上方最大弯矩为 693.8 kN·m，底板下方最大弯矩为 594.2 kN·m，见图 8-53。计算结果与 RSA 模型的弯矩计算值误差约为 6.0%，满足工程设计的要求。控制点弯矩对比见表 8-13。

表 8-13 控制点弯矩值对比（地基反力模型）

位置	RSA 计算弯矩值/(kN·m)	平面刚桁架弯矩值/(kN·m)	误差
顶板顶	711.53	693.79	2.6%
顶板底	315.17	303.71	3.8%
侧墙底	534.26	517.06	3.3%
底板顶	392.88	370.66	6.0%
底板底	609.38	594.19	2.6%

8.2.3.3 弹性地基梁模型

弹性地基梁模型同样选取敞开段 A4 段，分别采用 RSA 及 ANSYS 计算三维、平面结构内力，内力云图如图 8-54、图 8-55 所示。

其计算结果对比参见表 8-14，除在侧墙底部的弯矩值相差 12.0% 外，其他控制点处的弯矩计算结果相近。从表 8-14 可见,RSA 计算内力多小于平面刚桁架计算结果,主要是因为 RSA 考虑了地道结构受力的空间效应;另外侧墙底部弯矩相差较大,是因为 RSA 空间计算模型中可精确考虑外挑底板对侧墙根部弯矩的分担效果,更为精确合理。

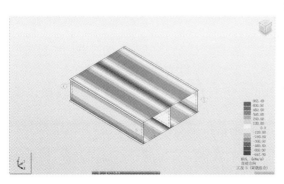

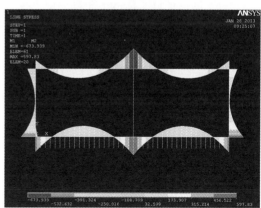

图 8-54　暗埋段 A4 段结构弯矩图(BIM)　　　图 8-55　暗埋段 A4 段结构弯矩图(平面刚桁架)

表 8-14　　　　　　　　　　　　控制点弯矩值对比(弹性地基梁模型)

位置	RSA 计算弯矩值/(kN・m)	平面刚桁架弯矩值/(kN・m)	误差
顶板顶	643.73	673.94	4.5%
顶板底	311.15	305.00	2.0%
侧墙底	436.48	496.04	12.0%
底板顶	348.48	360.48	3.3%
底板底	593.52	597.83	0.7%

8.2.4　结论

1. BIM 结构分析的流程

BIM 设计的特点是建筑模型的信息化,最终目的是为了减少设计流程中重复、修改的工作量。因此在建模分析的过程中,也应贯彻这一理念。BIM 建模、分析流程如下:

(1)建立结构物理模型。在进行 BIM 建模前,应明确模型的主要用途,如需要进行结构分析,则需用结构模块进行建模,并确保参与计算的构件带有分析模型。而对于结构中细枝末节的细部构造或是不参与受力的结构,则可暂时不进行建模,在分析模型完成并导出计算后再继续建模。

(2)赋予结构材料信息。定义模型中各构件的材料信息,即相当于有限元建模中前处理的材料、截面定义。应在建模时养成构件属性定义的习惯,确保所有构件信息的完整性,否则 BIM 设计中信息化的优势便无从体现。

(3)将模型导入计算软件。在导入前可对模型进行一致性检查,确认分析模型无误后即可导入有限元软件中。

(4)添加荷载、边界条件。虽然在 Revit 软件中也可进行简单的荷载、边界条件设置,但在地道计算中,侧向土荷载等无法在该软件中施加,因此为便于荷载的定义与管理,建议一律在模型导入 Robot 后再统一进行设置。

（5）网格划分。四节点四边形单元的计算精度一般大于三节点三角形单元,且地道结构适合采用四节点四边形单元进行网格划分,因此一般建议采用前者。划分精度应权衡计算速度及计算结果的精度要求。

（6）进行计算。Robot 会自动根据所设置的工况种类和荷载组合分别进行计算,根据用户需求,可生成不同工况时的结构内力、应力和位移云图。

2. BIM 结构分析的优势

在设计阶段,对于结构进行各工况下的力学计算与分析是一项必要的工作,因此当把 BIM 理念引入设计工作时,对于结构的分析研究也是其中不可或缺的重要环节。

与传统的分析方法相比,采用 Revit 及 Robot 进行结构分析主要优势体现在以下几点:

（1）无效重复建模。在 Revit 中建立的 BIM 模型可以直接导入 Robot 软件中进行力学分析,而无须在有限元计算软件中重复建模,且上述两款软件均由同一家公司开发,模型的导入过程更为简便,导入后对于计算模型的调整更少。

（2）信息的传递。BIM 模型包含着结构物大量的参数信息,这些信息中涉及结构分析的参数都将传递到有限元分析软件中,如地道的板厚、材料容重、弹性模量等。因此模型导入到 Robot 软件后,可以省去构件材料的定义步骤。

在 Revit 中可以对结构添加诸如均布面荷载、集中力等形式的荷载,该信息也可被完整地导入 Robot;同样的,边界条件也可在 Revit 中预先设定。

因此,针对简单的荷载工况,可以在 BIM 建模时就预先完成部分结构分析的前处理工作,当模型导入有限元软件后,只需进行网格划分即可计算。

（3）二维到三维的转变。传统的地道设计常采用平面刚桁架来模拟结构的内力情况。与三维计算相比,采用平面应变问题计算得到的结果往往存在偏差,尤其对于带抗拔桩的敞开段内力计算,其计算结果与实际情况相差较大;相比之下,采用 BIM 技术的模型可以快速地进行三维有限元分析,其计算结果更合理,对于工程设计也更具参考价值。

（4）荷载工况组合灵活。在 Robot 软件中,可根据计算需要,自由组合结构分析的各荷载工况。

3. BIM 结构分析的有效性

1）内力计算

分别采用地基反力模型及弹性地基模型计算结构暗埋段,其内力分布与平面刚桁架的计算结果相近,控制截面的弯矩值误差较小,能够满足常规的结构设计要求;敞开段中,设置抗拔桩的节段的计算结果相比常规的无梁楼盖法,其内力分布更合理,对于结构设计计算具有很大的参考价值;敞开段中未设置抗拔桩的节段,其内力计算结果稍大于平面计算,这主要是由于平面计算无法考虑到坡度等因素对于结构内力分布的影响。因此,采用 Robot 计算的结构内力是可靠、有效的。

2）配筋计算

Robot 2013 的配筋计算采用的仍是 2002 版的混凝土规范,无法满足当前工程的计算要求。根据钢筋的配筋面积云图,在仅需构造配筋的区域,软件显示的配筋面积为零。因此该软件尚未引入最小配筋率的概念,与实际的工程计算、设计并不相符。故 Robot 配筋计算模块的功能仍需进一步加强,该软件暂时还无法胜任设计中的配筋工作。

8.3 BIM 模型的光环境分析实战

8.3.1 建筑气象性能分析的流程

8.3.1.1 工作内容

气象条件与分析对象所处的地理位置、节气、时令及当时的气象状况有关,进行气象性能分析主要是将气象条件等外部信息施加到分析的对象(建筑物或者特定的场地等)上,通过计算验算对象在特定气象条件下的工作性能。通常来说,进行建筑对象性能分析与设计的过程和其他分析(如结构设计)及设计流程基本类似,基本都包含模型、外部作用及条件的添加、验算及报告等整个过程。以下为常见的几种气象性能分析类型:

(1)建筑物的能耗分析:基于建筑物本身的能耗需求及自然条件验算建筑物的能耗水平。为建筑的节能设计、建筑物的节能改造提供评估的经济、技术依据。

(2)光环境分析:基于建筑物所处的地理位置、气象数据,验算构筑物群体间基于时间的阳光遮挡关系、区域日照强度、构筑物之间的眩光分析等内容。为方案调整、优化采光及进行节能设计提供依据。

(3)其余分析内容:风环境分析、噪声分析等。

8.3.1.2 流程

图 8-56 为基于 Autodesk® Ecotect® 软件进行建筑气象性能分析的基本流程。

由于该软件是独立的分析软件,建筑物模型往往在其他设计软件,如 Autodesk® Revit® 中进行创建,因此计算之前需要单独设置地理及气象条件、计算参数等内容。

目前,Autodesk 公司针对部分 Ecotect 的分析功能,如能耗分析等已经逐步采用 Cloud 的计算解决方案。在 Revit 软件创建模型时,可同时创建房间、分区等与热工、气象计算有关的模型,同时可设置地理及气象初始参数,然后将计算任务发送到云端进行计算。因此,这种执行流程从操作上看是将上述步骤 2、步骤 3、步骤 4 整合到一起。而步骤 5 在这种流程下的执行平台则是 Cloud。

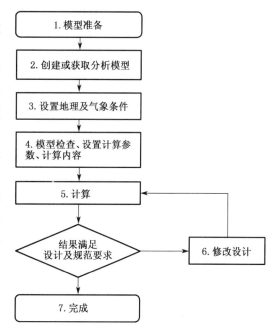

图 8-56 Ecotect 气象分析基本流程

8.3.1.3 建筑气象性能分析的流程的说明

1. 模型准备

1)实体模型的完成

项目气象性能分析是 BIM 工作流程的一部分,因此工作进行的基础是三维信息模型。这种三维信息模型多数是现成的,也即是通过其他项目软件,如 Revit,进行创建。此外也可以采用 Ecotect 内置的简单建模功能,创建满足计算的简化模型。

2)模型的简化

同其他分析过程类似,在模型进行分析之前,设计者需要清晰地了解模型的工作机理及分析模型每部分参与计算的角色。因此进行气象性能计算不需要将施工模型的各个细节都予以导入参与计算。另外从实践的角度来看,对施工模型的简化是必须的过程,太复杂的模型往往在非关键的环节成为计算无法进行下去的关键障碍。以 A 地道项目为例,在进行光环境分析的过程中,与计算无关的对象,如基坑支护桩、桩基、一些装饰层、钢筋、场地配景等内容会大大增加 Ecotect 的处理压力,降低计算结果的可靠性,因此在模型导出之前对这部分的内容应予以删除或过滤掉。

2. 创建或获取分析模型

1) 分析模型的内部创建

如前所述,Ecotect 软件(菜单 draw)也提供了基本的建模工具用于创建分析模型。值得说明的是,Ecotect 并非专业的三维建模或施工图工具,因此对于大型复杂的项目采用 Ecotect 创建效率和效果都会大打折扣,因此通常情况 Ecotect 参与 BIM 工作流往往是导入第三方的 BIM 工具(Revit)创建的计算模型。

2) 通过 GBXML 的数据模型的导入

基于 Revit 和 Ecotect 基于 GBXML 交互支持两种工作模式:第一种是进行热工计算,此时在 Revit 模型中定义好房间和空间,然后导出为 GBXML,如图 8-57 所示。

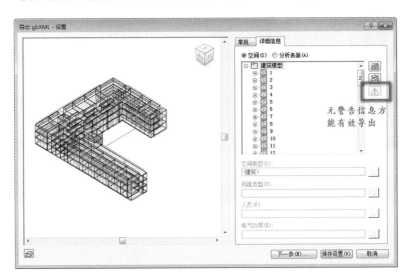

图 8-57 导出 GBXML

【说明】 此时应检查导出的 GBXML 的文件存储类型,应确保存储为 UTF-8 格式,否则 Ecotect 2011 导入相关的文件可能会发生问题。用记事本打开 GBXML 文件,然后另存为 UTF-8 格式,如图 8-58 所示。

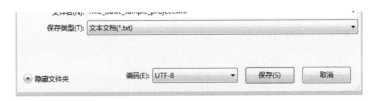

图 8-58 保存成 UFT-8 格式

第二种交互是将 Revit 中创建的体块模型通过"体量模型 GBXML"工具将体量模型导出为 GBXML 文件，然后 Ecotect 导入相应的文件并生成 3D 计算模型。这种方法仅仅会导出当前 Revit 项目模型中的体量模型内容，对于常规的非体量模型则不进行处理。

Ecotect 导入 GBXML 文件并在其 GUI 中还原出相应的计算模型，如图 8-59 所示。

3) 通过 DXF 三维模型的导入

这是较为常见的工作模式，方法是将 BIM 模型导出为 DXF 格式，然后

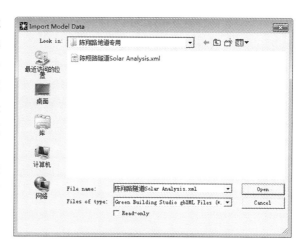

图 8-59　导入模型数据

Ecotect 通过"Import 3D CAD Geometry"导入 DXF 模型，然后其在 GUI 中还原出计算模型，如图 8-60 所示。这种模式的作业过程并不包含热工参数等诸多信息。

图 8-60　导入 DXF 模型

【说明】　(1) 不同方式导出的模型在 Ecotect 中还原后应能保持相对位置不变，因此在创建模型时需根据分析的需要将相关的模型预先在 Revit 中按照地理位置拼装为正确的项目文件，然后再予以导出。

(2) 无论哪种模型交互方式，在 BIM 模型导出之前，应确保对模型进行了充分的简化。通常来说，圆弧与空间曲面会造成 GBXML 文件的失真，另外当通过 DXF 格式的文件交互的时候，此类对象亦会大大增加 Ecotect 进行 Auto Merge Triangles 处理的压力，降低 Ecotect 软件的运行效率。

(3) 同其他行业的分析过程类似，模型在导入到 Ecotect 中并非意味着可以马上进行分析了，还需根据计算需要在 Ecotect 中进行模型检查（材质、门、窗、洞口等），添加或编辑合适的计算对象，如光源、声源等模型内容以完善计算条件。

3. 设置地理及气象条件

详见下节"Ecotect 气象数据"。

4. 模型检查、计算参数及计算内容设置

如图 8-60 进行的说明所述,在模型通过导出导入在 Ecotect 中还原为 3D 模型后,并非意味着马上可以进行分析。如通过 DXF 格式导入的模型往往仅包含有效的几何信息,此时尚需要进行模型检查,根据计算的需要配置模型材质,添加光源、声源等计算元素。

同其他分析软件类似,模型完成后尚需按照计算内容需要配置计算参数。图 8-61 为一办公场所满员状况,通过统计的人员一时间分布状况可计算人体的得热和失热,从而形成精确空调负荷计算的依据。

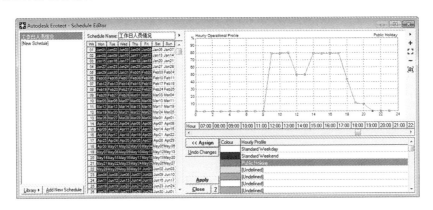

图 8-61 人体热分布

5. 基于有理化网格的计算

Ecotect 2011 中的 Calculate 菜单中包含了对声、照明、辐射、风、及热工计算等诸般建筑绿色分析工具。

对于特定的分析科目,如日照强度、辐射强度、某区域的日照累积时间分析等,在分析进行之前,往往采用有限元思想对分析对象表面或空间进行"有理化",亦即划分为微小分析单元,并假定该单元的各处物理指标强度是均等的。分析根据算法需要采用诸如插值或差分等技术手段对每一个单元进行独立或关联分析。分析的结果以场图或云图的方式显示各个单元上的太阳辐射强度等物理指标。

分析网格分为面网格和体网格,面网格附着于二维或三维物体表面,因此既可以是平面,也可以是空间曲面。体网格是三维空间实体网格,具有体积属性。

进行采光计算前,需对网格的大小、形状、间距和工作区域高度予以预先定义,有时还需按照不同的高度做网格切片,亦即基于分层的网格计算。基于网格计算在空间上的精度与网格划分的密度有关,网格划分越细,则反映空间上的差异性越精确,如图 8-62所示。

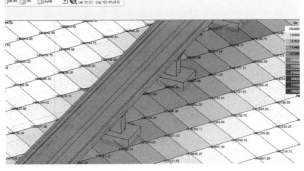

图 8-62 A 地道项目光环境分析

8.3.2 气象数据

8.3.2.1 Ecotect 气象资料介绍

气象条件是建筑设计中的一个重要因素。Autodesk Ecotect 软件气象工具（Weather Tool）采用扩展名为. wea 的记录文件，其中包含了常用的逐时气象数据。通常来说，气象数据应至少包含如下气象资料信息：湿度，相对湿度，风向、风速、风频，太阳辐射，云量，降雨量。

Autodesk Ecotect 软件通常采用两种数据格式的气象文件资料：

（1）CSWD（Chinese Standard Weather Data）格式。其气象文件来源于国内中国气象局、清华大学编制的《中国建筑热环境分析专用气象数据库》，其中包含了 270 个气象台站的多年实测数据，相当于给了设计师自己的气象资料数据库。采用 CSWD 格式的气象资料应能满足大多数的应用需要，也是本项目实施过程中主要参考的气象资料依据，如图 8-63 所示。

图 8-63　导入气象数据

（2）CTYW（Chinese Typical Year Weather）格式。该气象文件是根据美国劳伦斯伯克利国家实验室（Lawrence Berkeley National Laboratory）的 Joe Huang 整理，是与美国能源部合作的成果。

8.3.2.2 Ecotect 对气象数据的解读

在 Ecotect 2011 中通过（Tools\ Run the Weather Tool）打开 Weather Tool 2011 工具，然后导入计算区域的气象资料，选择需要解读的内容，结果如图 8-64 所示。

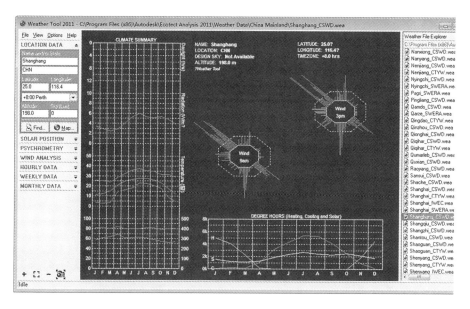

图 8-64　导入地区气象资料

在左侧的列表里可选择解读某一时间的太阳角度、辐射强度、温度、湿度、风等基本气象信息。与本部分研究内容直接相关的是太阳角及逐时气象数据相关的资料。

1. 太阳位置信息

图 8-65 为(无遮挡情况下的)日晷图,数据来自 Weather Tool 2011 加载的上海区域气象数据文件(Shanghai_CSWD. wea)中的气象信息。该日晷图包含上海区域一年中不同时间点的太阳方位角、高度角等物理信息,为日照分析、阴影及眩光分析提供依据。

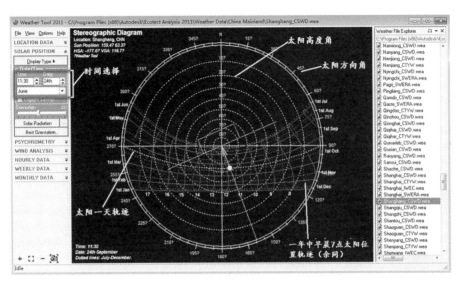

图 8-65　日晷图

太阳位置信息还包含在当前地理环境下,某特定朝向一年中的太阳辐射状况(kWh/m^2),根据太阳辐射量的情况可对建筑物的得热和失热在一年中的各个月份进行统计比较,继而可对建筑物最佳朝向提供设计建议。图 8-66 为一年中不同时间点、不同方向太阳辐射强度的统计及根据统计建议上海地区的建筑物最佳朝向图(黄色方向区间为建议朝向区,红色区间是不建议朝向区)。

2. 逐时气象数据

如图 8-67 所示逐时气象数据包含了该地理位置条件下一年中太阳直射、太阳散射、相对干湿度、风速及云状况等信息,

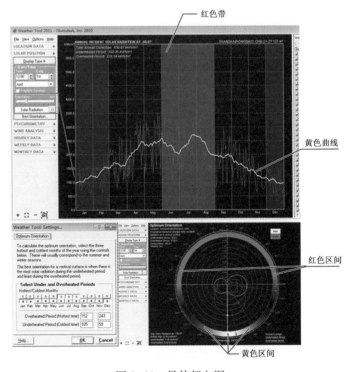

图 8-66　最佳朝向图

为建筑的空调照明系统设置、绿色设计措施、太阳能等措施提供计算依据。

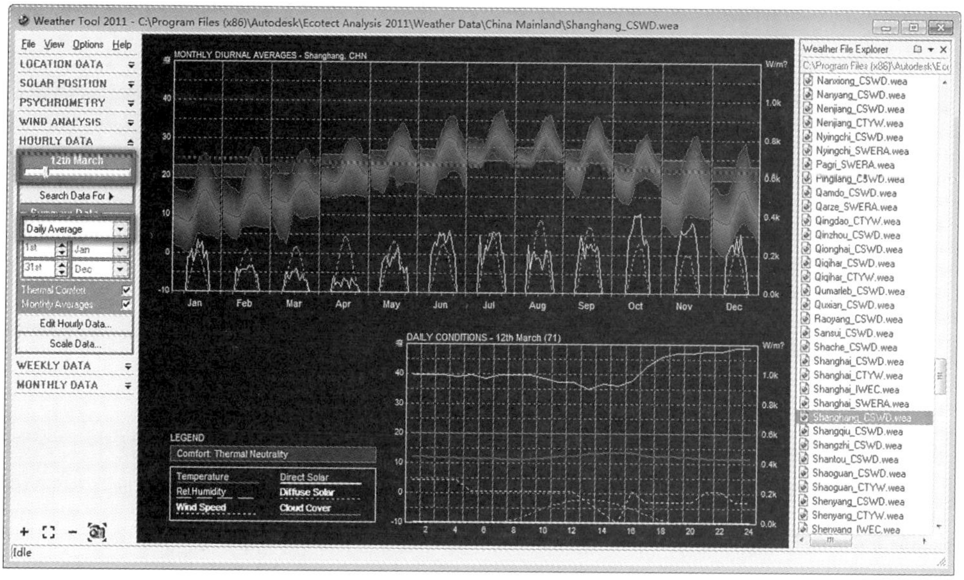

图 8-67　逐时气象数据

值得指出的是,所有的 CSWD 数据都是基于观测台/站多年实测的统计值进行统计回归的结果,而具体到实际的某个时间点上,会有一定的离散。

8.3.3　A 地道项目的光环境分析

8.3.3.1　模型准备

1. 模型准备

作为 BIM 作业流程的一个环节,本项目的分析模型来自于 Revit 模型。图 8-68 包含了 A 地道模型、地形、场地、绿化、地道配套设施、场地周边交通环境。其中地道部分包含地道、开挖支护设施、桩基及钢筋等内容。

2. 坐标系

模型导出为 DXF 后会保留模型本身的坐标系位置和方向,而模型本身的位置和朝向的正确性对于太阳光相关的分析至关重要。因此在生成分析模型之前需在 Revit 中检查模型本身坐标位置、朝向等地理信息,如图 8-69 所示。如原模型朝向创建有误,则需在 Revit 环境将模型按照计

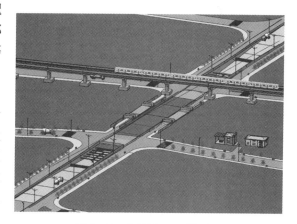

图 8-68　A 地道 BIM 模型

算需要予以整体旋转。本项目中,原模型(箭头左侧)的方位走向不符合实际地理位置朝向,因此需要对整个场地模型旋转(图 8-69 右侧平面图)。

【说明】　在 Revit 场地中可通过更改项目基点的"到正北的角度"参数来整体旋转模型,但这种更改无法传递到 DXF 文件中,因此需要人为对整个场地模型进行整体旋转。

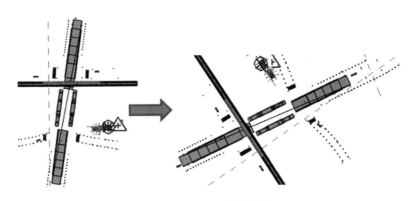

图 8-69　地理朝向调整

3. 模型简化、转化与检查

原模型包含地道、桩基、支护、景观、地形及场地对象,内容较为丰富。其中大多数的内容与 A 地道光环境的分析需求无关,因此,需在模型参与计算之前予以清理以保证模型信息的有效性,以及计算结果的可控性。

为验算周边构筑物对地道的遮挡及眩光的影响,在场地模型中通过体块模型模拟建筑物的形体。值得说明的是,椭圆形体的建筑外形需要通过折线的形式予以拟合以保证 Ecotect 处理的有效性。此外地铁线相关模型较为复杂,对地道进行光环境分析时,Ecotect 处理这种模型细节毫无必要,因此在 Revit 中将地铁线的原始模型通过体量进行简化,以保证在 Ecotect 中计算的顺利进行。

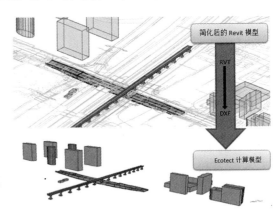

图 8-70　简化计算模型

原始模型通过上述处理过程后即可转化为 DXF,然后导入 Ecotect 中生成计算模型,过程如图 8-70 所示。

对于转化生成的 Ecotect 计算模型不合理或未予完善的部分,如前所述尚需要针对分析需求采用 Ecotect 内置的建模工具进一步完善。

4. 设置气象资料与分析环境

A 地道位于上海,因此气象资料选择 Shanghai_CSWD. wea,其中包含了所有与本项目光环境分析相关的参数信息。

8.3.3.2　太阳辐射分析

分析太阳辐射的目的是为了计算场地接收太阳能量的密度,为采取太阳能措施(如铺设太阳能电池板、太阳能采暖、绿化设计)提供计算依据。

(1) 划分计算网格。

(2) 设置分析时段。

(3) 设置计算限制条件。

在 Calculate 菜单中选择 Solar Access Analysis,在弹出的对话框中依次设置如下计算条件,如图 8-71 所示。

分析的内容为太阳直射 Incident Solar Radiation。

下一步:计算当前这一天(For Current Day 本案为夏至日)的太阳辐射情况

【说明】 也可以分析这一时刻(For Current Date and Time)的太阳辐射状况,亦可以分析指定的一段时间(For Specified Period)的太阳辐射状况。

下一步:计算当前这一天累积的辐射量 Cumulative Value;

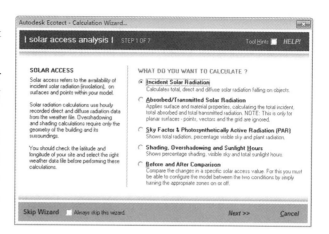

图 8-71　计算向导界面

下一步:基于指定的分析网格进行计算 Analysis Grid (isolation only);

下一步:进行详细的遮挡计算 Perform Detailed Shading Calculations;

下一步:选择快速的计算方法;

下一步:遮挡计算精度调至 High。

确定后即执行基于网格的太阳辐射计算。

(4)结果。夏至日累积太阳辐射图见图 8-72。

通过验算的结果可以看出,在非遮挡条件下,太阳在夏至日的直射辐射当量是 580 瓦·小时左右。图中浅颜色区域可作为布设太阳能设施的理想场所。对 A 地道附近的高层小区可合理栽培落叶阔叶树,在保证夏天阴凉的前提下亦能保证冬日的采光需求。

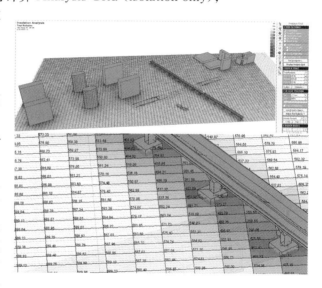

图 8-72　累积太阳辐射图(夏至日)

8.3.3.3　照度分析

在 Ecotect 中,室外照度计算基准采用的是设计天空照度,为全年从 9 点到 17 点的日照时数中有 85% 的时间能达到或超过的照度。这一照度可根据当地气象数据取得,Ecotect 中提供了两种简捷的计算方法:一种是程序有 Tregenza 散射天空照度公式计算;另一种是程序依据实测数据由三次曲线拟合而成,相对来说后者更接近实际情况。

我国《建筑采光设计标准》(GB/T 5033—2001)中采用的是室外临界照度的概念,它是全年每天平均有 10 小时能达到或超过的照度,这一数据按 5 类光气候分区有所不同。本例总采用 GB/T 5033—2011 标准的临界照度计算地道照度。根据该标准 3.1.4 室外采光等级为 I 的情况下,室外天然光临界照度值 E1(Lx)取 6 000 Lux,因此这个值即作为本案自然光照度分析的基准值。值得指出的是,临界照度是一个"最小值",基于其进行计算的结果与实际工作状态中的照度值相比偏低。

通常 Ecotect 在进行照度分析时,采用的是 CIE 全阴天模型(CIE Overcast Sky Condition(Recommended)),也就是说考虑的是最不利的采光条件,但其同时也提供了均匀模型(CIE Uniform Sky Condition)供选择。

为分析自然采光及人工照明对地道区域的影响,本案最地道出入口区域的照度予以计算。计算流程如下:

1. 模型中添加人工光源

为了便于分析,本案选择的是 simple light,基本功率为 100 W,5 265 Lm(流明),布设于车道两侧顶部,间距 5 m。

2. 选中分析区域

考虑到地道在里面上是有坡道的,因此基于水平面的网格计算难以表达其不同高度上的照度,因此这里为其划分三维计算网格,见图 8-73、图 8-74。

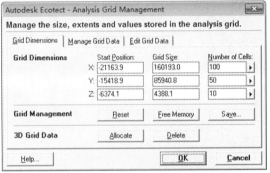

图 8-73　三维计算网格参数

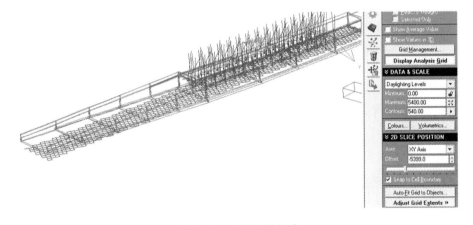

图 8-74　三维网格划分

3. 选中分析的所有对象

在 Calculate 菜单中选择"Lighting Analysis",并依次设置如下计算参数(中间未作说明之处按照默认设置选择"下一步"):

(1) 计算时考虑自然采光和人工光源的组合作用(Overall Daylight and Electric Light Levels);

(2) 基于设置的 3D 分析网格进行分析 (Over the Analysis Grid:Use Full 3D Extends of Analysis Grid);

(3) 天空的背景照度(Design Sky IL luminance)按照 GB 标准设为临界照度 6 000 Lux,如前所述,通常考虑到最不利情况将光气候模型(Sky Luminance Distribution Model)设置为全阴天模式(CIE Overcast Sky Condition);

(4) 考虑到材质属性选择"加强准确度"的计算模式(Increased Accuracy Mode),依次确认后执行计算。

4. 基于自然光和人工照明的两种结果

如前所述,执行三维计算之目的是为了尽量保证在不同高度上观察无遮挡下的自然光及人工光源的照度。图 8-75 和图 8-76 为自然光临界照度条件下的地道口区域的照度图。

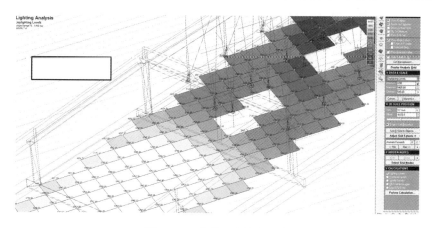

图 8-75　地道口自然光照度

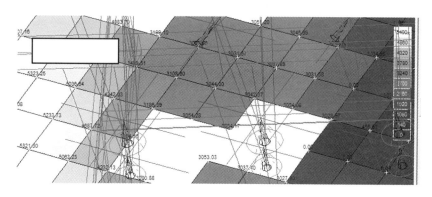

图 8-76　地道口自然光照度(放大)

从图中可以看出在自然光临界照度环境下,地道口区域照度在 5 400 Lux＋ 向地道深处迅速衰减,在遮挡/非遮挡交界区域照度梯度超过 1 200 Lux。

图 8-77 和图 8-78 是基于人工光源的照度分析的结果。

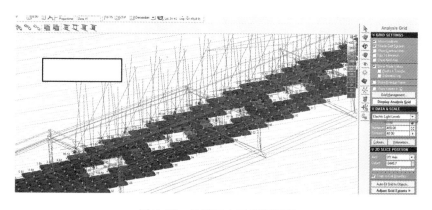

图 8-77　地道口人工光源照度

从图中可看出，人工光源在地道内的照度在 70～400 Lux 之间（照度结果取决于计算点的位置），计算采用的是 3D 网格，在接近驾驶者视线高度平面的照度为 80～170 Lux。

5. 基于 3DS Max Design 对人工照明的照度分析

除了 Ecotect 之外，欧特克建筑设计套件中的 3DS Max Design 也可以进行照度分析。下面就对使用 3DS Max Design 进行照度分析的步骤做一个介绍，并对比 Ecotect 和 3DS Max Design 在人工光源照度上的分析结果，作为设计验证。

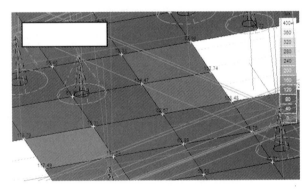

图 8-78　地道口人工光源照度（放大）

与使用 Ecotect 进行分析一样，我们要做的第一步就是将 Revit 模型导入。从 Revit 模型转换到可用于照度分析的 3DS Max Design 模型，有以下两种主要的方法：

（1）将 Revit 模型导出为 FBX 格式，再导入 3DS Max Design 中。

FBX 是 Autodesk 公司提供的一种三维模型通用交换格式。它不仅可以保留模型的形体信息，还能够包含材质、贴图、灯光等内容。在本项目中，Revit 模型里的人工光源设置（包括灯族中的各项参数）都可以通过 FBX 文件直接导入 3DS Max Design 中使用，而无须重复创建，见图 8-79—图 8-81。

图 8-79　从 Revit 导出 FBX 文件

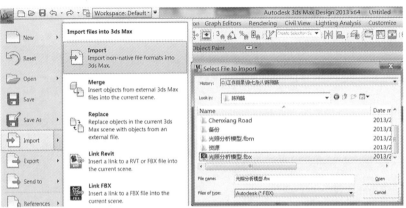

图 8-80　将 FBX 文件导入 3DS Max Design

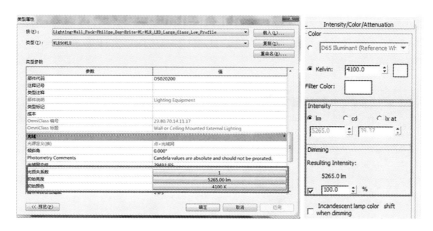

图 8-81　Revit 和 3DS Max Design 中一致的人工光源参数

（2）使用 Autodesk Suite 工作流。

这种方法仅适用于欧特克建筑设计套件中的 Revit 和 3DS Max Design。使用这种方法可以一键将 Revit 三维视图发送到 3DS Max Design，而无须经过任何中间文件，详见图 8-82。

【说明】　无论采用以上哪种方法，首先都需要对 Revit 模型做简化处理。因为有一些细节对于照度分析是无用的，如钢筋。必要的模型简化不但不会影响计算精度，还能提高软件的运行效率。

在确保将 Revit 模型和人工光源正确无误地导入 3DS Max Design 之后，就可以按照以下步骤执行人工光源的照度分析。

（3）选择人工光源，启用人工光源的光照特性，如图 8-83 所示。

（4）从"Lighting Analysis（光照分析）"菜单中选择创建"Light Meter（照度网格）"的命令。设定网格尺寸，在地道中段的合适位置创建照度网格，并将网格设置到合适的标高，如图 8-84 所示。

图 8-82　Suite 工作流菜单界面

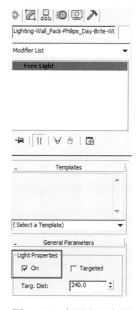

图 8-83　启用人工光源

从"Lighting Analysis(光照分析)"菜单中启动"Lighting Analysis Assistant(光照分析助手)",如图 8-85 所示,设置照度分析的色彩图编码。因为本次计算不组合日光照明,所以无须在光照分析助手中指定日光。

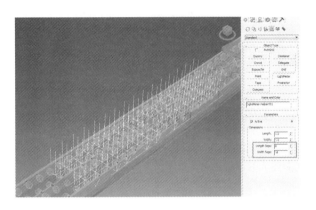

图 8-84　网格标高设置

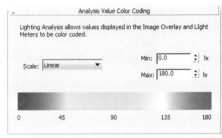

图 8-85　色彩图编码

(5) 执行照度分析,设定照度分析结果的显示。完成后的人工光源照度分析如图 8-86 所示。

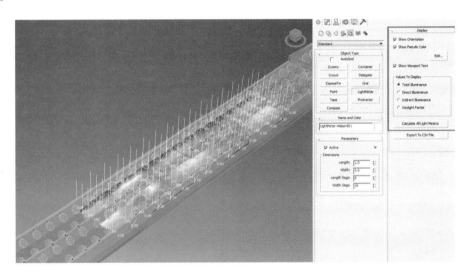

图 8-86　人工光源照度分析结果

从分析结果来看,在地道中段选择区域的指定高程处,人工光源的照度主要集中在 120～170 Lux 这个区间。这与 Ecotect 的计算结果基本一致。

结论:基于人工光源的照度计算的室内照度结果和自然光条件下的室外照度的计算结果差距在 20 倍以上(室外照度基于临界照度的验算结果,实际差距会更大)。对于驾驶者白天在进出地道的过程中会感受到比较剧烈的视觉变化,建议在地道口处搭建光栅设施或采取其他的缓和措施,以缓和这种剧烈的照度梯度,保证驾驶者安全。

6. 光栅与改善照明措施

针对上述分析的结果,在未采取任何缓和措施的条件下,驾驶者在进入地道或从出地道的瞬间,周边的照度会有激烈的变化。从而可能带来驾驶安全上的风险。基于此,本案针对光栅措施进行了理论上的论证,过程如下:在地道入口处架设 600 mm×1 000 mm@2 000 mm 的光栅梁,光栅区域总长度(车行方向从出口往外)约为 16 m,然后基于前述临界照度进行自然光条件下的照度分析。分析结果如图 8-87 所示。

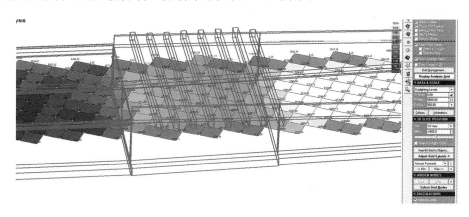

图 8-87　照度分析(自然光)

结论:从图中可以看出,照度从地道开放区域到隧道区域依次从 5 600+Lux～2 400 Lux～0 产生相对均匀的变化。光栅可作为比较不错的照度缓和措施。

【说明】　(1)本案针对不同长度光栅区域进行验证,从验算结果来看:光栅区域长度超过 16 m 时,光栅中央部分区域并没有很明显的照度梯度,这说明光栅区域太长对照度的缓和无明显增强,且造成工程浪费;而太短显然不能起很好的缓和效果。

光栅本身的尺寸和布设密度对结果也会有影响;另外车速也是一个重要的影响因素,车速太快,驾驶者的适应调整时间更短,因此需要缓和的区间更长。需要更多的枚举比较,找出经济合理的措施依据。

(2)此外还有一种缓和措施是对从地道口向地道内部一定范围内(20～30 m)的人工照明予以加强,方法可通过加强该区域的人工光源的照度及加密人工光源来实现。

8.3.3.4　建筑物遮挡与眩光分析

A 地道周边包含地铁线、已有建筑和待建的高层住宅。为保证地道在工作期间的安全性,本节针对周边构筑物对地道两端入口处的采光与眩光进行分析,采光分析的目的是为了验证自然光照明是否充分,何时需要启用人工照明(路灯);而眩光分析的目的是为了验算周边高层建筑及地铁 11 号线车厢对驾驶者的眩光影响,并为安全措施的实施提供依据。因此在导入的模型的基础上在地道入口创建 Zone,以模拟汽车所处的位置,如图 8-88 所示。

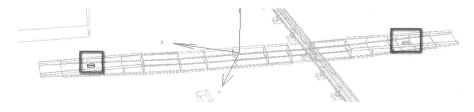

图 8-88　创建 Zone 模拟汽车位置

1. 建筑物遮挡分析

将所有气象资料加载完毕后即可进行周边建筑对地道的遮挡分析,过程如下:

(1) 设定当前的日期时间,一般来说会选择几个有代表性的日期点(夏至日、冬至日、大寒日等),本例设定的是冬至日中午 12:00。

(2) 在 Shadow Settings 对话框中可按照 hourly 动态模拟这一天从早到晚太阳的阴影情况,亦按照 Annual 动态模拟一年中指定时刻(如中午 12:00)周边建筑物阴影的变化情况。

(3) 可通过日期时间中的上下箭头人工切换时间检查特定时刻阴影的覆盖情况。

(4) 结论:通过检查可知,在冬至日这天,在高层小区端部的地道出口太阳从早晨 7:00 左右产生有效阴影,7:00—12:00 受近端高层的遮挡,12:00—16:30 地道出口端接收太阳光直射,16:30—17:00 受远端建筑及地铁 11 号线的阴影影响,大约 17:00,太阳结束作用,如图 8-89 所示。

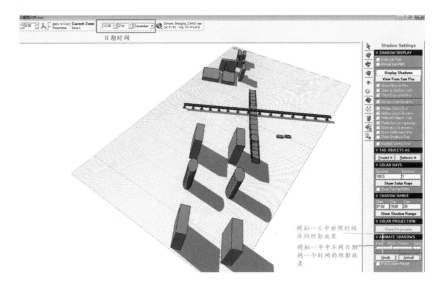

图 8-89　冬至日阴影

2. 地道出口区域太阳直射时间计算

此时亦可针对出口端的某个区块单独分析其一天日照时间,过程如下:

(1) 选中模型中的区域(Zone)上表面。

(2) 在右侧"Analysis Grid"中选择"Auto-fit to Object",按照 within 选项对 Zone 的上表面划分计算网格,在 Gird Management 中调整网格密度,见图 8-90。

(3) 在 Calculate 菜单中选择"Solar Access Analysis",在弹出的对话框中依次设置如下计算条件:

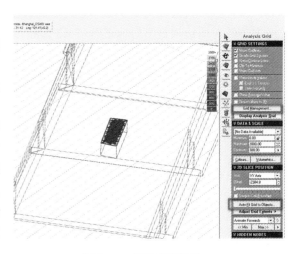

图 8-90　网格密度调整

　　下一步：计算遮挡及日照时间 Shading, Overshadowing and sunlight hours；

　　下一步：计算当前这一天累积的辐射量 Cumulative Value；

　　下一步：基于指定的分析网格进行计算 Analysis Grid（isolation only）；

　　下一步：进行详细的遮挡计算 Perform Detailed Shading Calculations；

　　下一步：选择快速的计算方法；

　　下一步：遮挡计算精度调至 High 并将时间范围调整为 6：45—18：00。

　　确定后即执行基于网格的日照时间计算。结果如图 8-91 所示。

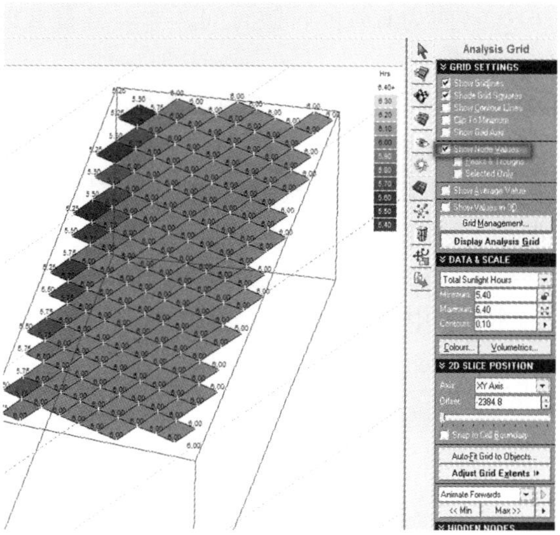

　　从图中可以看出，高层小区附近地道出口处冬至日的有效日照时间在 5～6 小时。

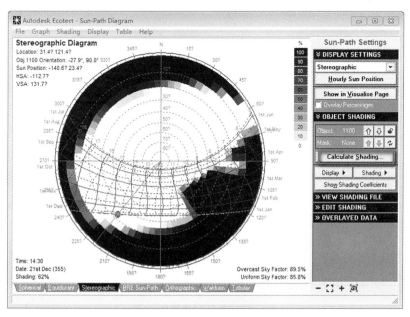

图 8-91　基于网格日照时间计算

　　3. 地道出口的日晷图

　　在完成有效日照时间分析之后有时还需要了解这一天究竟哪些时刻分析区域处于有效日照的范围，因此需单独对该区域进行日晷图分析。选中同一个表面，计算其日晷图，过程如下：在 Calculate 菜单中选择"Sun-path Datagram"；在弹出的工具中选择"Calculate Shading"。结果如图 8-92 所示。

　　图中最下面的一条弧线线为冬至日这天太阳的运行轨迹。图中白色区域是选定区域接受日光照射区间，黑色区域属于遮挡或夜间。从图中可以看出，在当前的地理环境条件下，地道出口该计算区域在冬至日 7：00—10：15 该区域受周边建筑遮挡，10：15—

图 8-92　日晷图信息

16：00区间为有效的日照时间。非有效日照时间区间可进行照明验算,看是否需要人工辅助照明。

4. 主要建筑物对行车的眩光分析

眩光分析主要是分析建筑物反射表面对目标对象的反射情况(眩光)。就 A 地道本身的安全要求而言,该分析主要是车辆在出入地道时受到周边建筑物的眩光影响,为采取安全措施提供依据。眩光分析的流程如下:

(1)检查设置建筑物反射表面的材质,作为反射表面通常可设置为能够反射光线的材质,本项目中,拟建周边的高层住宅小区考虑其不利情况,将其表面材质设为 WINDOW：SingleGlazed_AlumFrame,双击该材质可编辑其相关的光学及其他物理属性,见图 8-93、图 8-94。

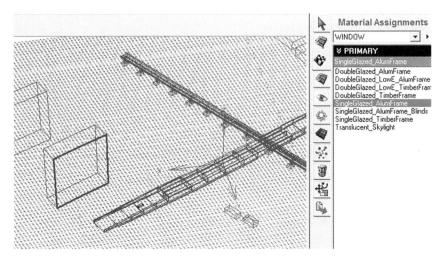

图 8-93　反射建筑物设置

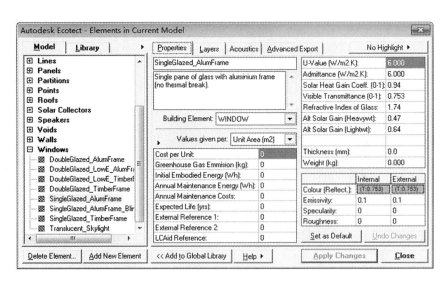

图 8-94　反射材质物理特性

（2）选中该反射表面，在右键菜单中将其设置为"Solar Reflector"，见图 8-95。

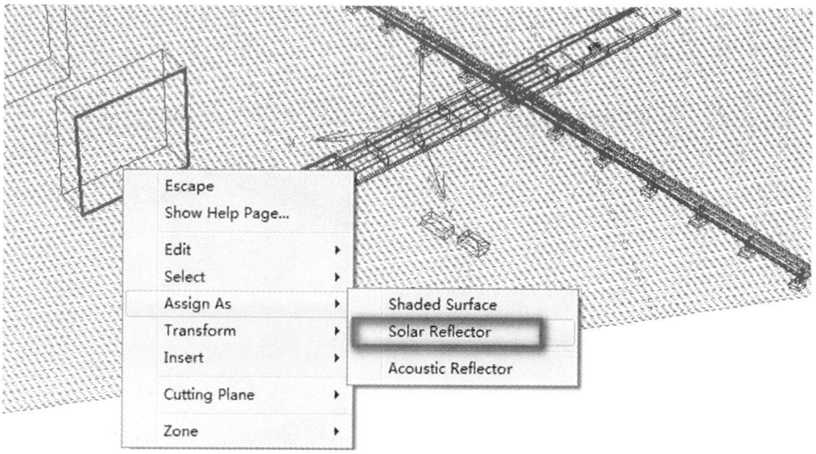

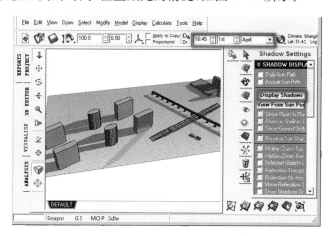

图 8-95　反射表面设置

（3）在"Shadow Setting"下打开阴影显示，在同时将当前的显示风格设置为"open GL"（Visulize）；人工切换不同的时间，检查眩光的情况，如图 8-96 所示。

图 8-96　打开阴影显示

（4）如图 8-97 所示，分别对建筑物 A、B、C、D、E 对地道端部 1 及端部 2 在夏至及冬至日的眩光情况的验算结果如下。

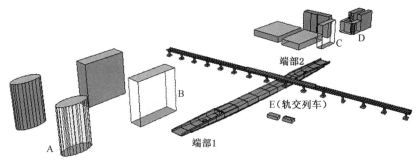

图 8-97　眩光验算结果

① 建筑 A

其眩光主要对端部 1 产生影响,夏至日 5:30—6:45,16:45—18:30,如图 8-98 所示;冬至日 9:15—10:00,14:00—15:45,如图 8-99 所示。

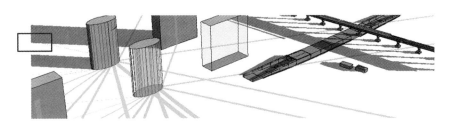

图 8-98　建筑 A 夏至日眩光影响

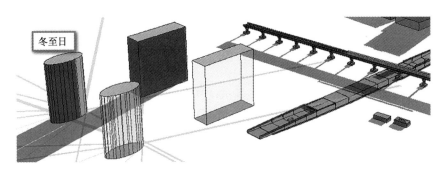

图 8-99　建筑 A 冬至日眩光影响

由于建筑形体对阳光的散射效果,其影响范围较广,但强度较平面反射低。部分时段光线的入射方向和出地隧道驾驶者的视线方向在 45°范围内,会一定程度上影响驾驶安全。但如果幕墙分割较窄的话,其每一块幕墙影响时间及范围均极为短暂,因此可作为一种应对眩光的改善措施。

② 建筑 B

夏至日对地道端部 1 产生影响的时间范围是 16:30—18:30,会对进入地道的车辆产生影响。和驾驶者视线夹角较小,影响时间较为持续。对端部 2 无影响,见图8-100。

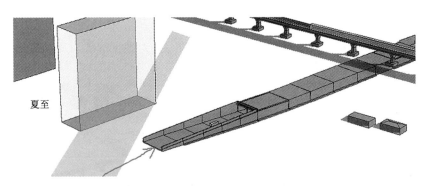

图 8-100　建筑 B 夏至日眩光影响

冬至日 10:45—12:00 对端部 1 出地道方向的车辆产生眩光影响,15:30—16:30 会对端部 2 进入地道的车辆产生眩光影响,且和驾驶者的视线较为平行,见图 8-101。

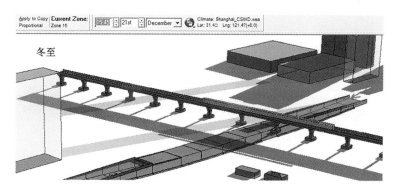

注：上述分析未考虑建筑物(轨交 11 号线)二次遮挡的影响。

图 8-101　建筑 B 冬至日眩光影响

③ 建筑 C

夏至日 16:30—18:45 眩光影响端部 2 区域,但光线角和驾驶者视线夹角较大。对驾驶者几乎无影响,见图 8-102。

冬至日 7:00—7:30 对端 2 出口有影响,但光线角和驾驶者视线夹角较大。对驾驶者几乎无影响,见图 8-103。

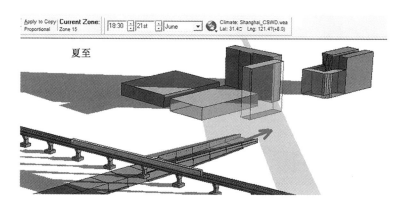

图 8-102　建筑 C 夏至日眩光影响

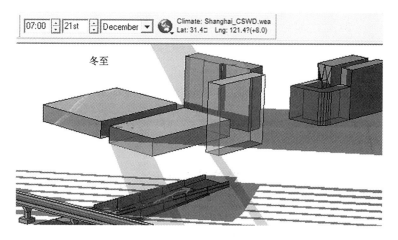

图 8-103　建筑 C 冬至日眩光影响

④ 建筑 D

夏至日 17:30—18:45 会对端部 2 出地道方向的驾驶者产生眩光作用。但光线角和驾驶者视线夹角较大,对驾驶者影响时间短暂,见图 8-104。

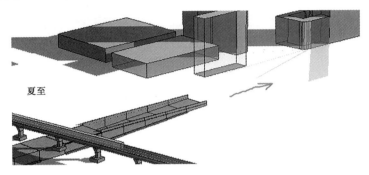

图 8-104　建筑 D 夏至日眩光影响

冬至日 7:00—9:00 会对端部 2 出地道方向的驾驶者产生眩光作用。但光线角和驾驶者视线夹角较大,对驾驶者几乎无影响,如图 8-105 所示。

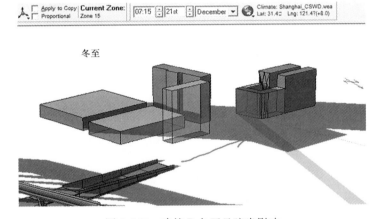

图 8-105　建筑 D 冬至日眩光影响

⑤ E(轨交列车)

夏至日 5:15—5:20 之间会对端部 1 产生眩光作用,考虑到此时的日照强度、影响时间范围及轨交机车位置为偶发因素,这种对驾驶者的影响仅在理论上,如图 8-106 所示。

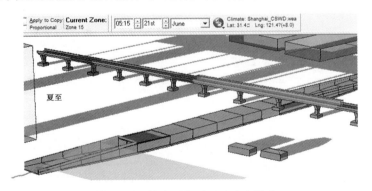

图 8-106　轨交列车夏至日眩光影响

冬至日 15:30—16:30,影响端部 2 进入隧道的车辆,考虑到上述诸因素,这种影响也可忽略不计,如图 8-107 所示。

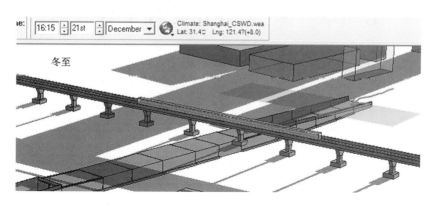

图 8-107　轨交列车冬至日眩光影响

综上所述,建筑对驾驶者眩光的影响作用效果取决于如下几种因素:建筑本身的形体;建筑本身的反射面大小决定了驾驶者在反射区的时间长度;反射光线和驾驶者视线的夹角决定了影响的强度。

从上面这些因素的分析可以看出,对 A 地道影响效果较为明显的是东南部拟建高层住宅(建筑 B)中大平面的玻璃幕墙,因此建议采取适当措施降低安全风险。

第9章 基于BIM硬件工具应用

基于BIM的硬件工具应用包括三维激光扫描、三维打印机、全站仪机器人等方面。

在设计前期,通过引入三维激光扫描技术,将现场复杂的环境数据化、三维化,方便设计方案研究,并可实时将BIM三维模型整合至三维环境中,检查方案的可行性;在完成BIM设计模型后,利用三维打印机打印出实体三维模型,进行碰撞检查、模型分析等工作;将BIM模型导入全站仪机器人中,将BIM延伸至工地现场进行测量放线及定位。将BIM技术与RFID、监控、网络等信息化技术结合,实现工地智能化管理。项目竣工后,可通过三维激光扫描对现场扫描,对比设计与竣工实体,实现工后评价,协助竣工验收。

9.1 三维扫描仪应用

9.1.1 三维扫描仪概述

9.1.1.1 三维激光扫描技术

三维激光扫描采用非接触式高速激光测量方式,以点云的形式获取地形及复杂物体三维表面的阵列式几何图形数据,能够方便、快速、准确地获取近距离静态物体的空间三维模型,可以方便对模型进行进一步的分析和数据处理。三维激光扫描获得的原始数据为点云数据。

三维激光扫描技术集光、机、电等各种技术于一身,它是传统测绘计量技术经过精密的传感工艺整合及多种现代高科技手段集成而发展起来的,是对多种传统测绘技术的概括及一体化。

三维扫描技术的应用有众多领域,常见的有如下几种:

(1)隧道、边坡、桥梁各种工程的测量与形变监测。

(2)建筑建模、竣工测量、房产三维效果。

(3)建筑、古迹及考古存档保护。

(4)事故调查。

(5)建筑信息模型(BIM,部件及市政设施三维模型库)。

(6)工业设施(管线极为繁多复杂的石化、电力工厂)。

(7)三维地形测量、土方量、高精度DEM。

(8)高精度容量计量。

9.1.1.2 三维激光扫描的点云数据

点云数据是对被测物体表面的描述,它是由目标物体表面一系列空间采样点构成的三维空间中数据点的集合。最小的"点云"只包括一个点,称为孤点或者奇点,高密度的"点云"可以多达几百万个数据点。点云数据的空间排列形式根据测量传感器的类型分为阵列点云、线扫描点云、多边形点云以及散乱点云,见图9-1。阵列点云数据具有行列的特点,其空间拓扑关系完全已知;线扫描点云数据和多边形点云数据为半散乱点云,其空间拓扑关系部分已知;散乱点云数据其拓扑关系则完全未知。大部分三维激光扫描系统完成数据采集是基于线扫描方式,采用逐行(或列)的扫描方式,获得的三维激光扫描点云数据具有一定的结构关系。

点云的特点:一是数据量大,三维激光扫描数据的点云量较大,一幅完整的扫描影像数据或一个站点的扫描数据中可以包含几十万至上百万个扫描点;二是密度高,扫描数据中点的平均间隔在测量时可通过仪器设置,一些仪器设置的最小平均间隔可达1.2 mm,地面三维激光扫描仪一般可设

(a) 散乱点云　(b) 线扫描点云

(c) 阵列式点云　(d) 多边形点云

图 9-1　点云数据分类

2 mm;三是带有扫描物体光学特征信息,由于三维激光扫描系统可以接收反射光的强度,因此,三维激光扫描的点云一般具有反射强度信息,有些三维激光扫描系统还可以获得点的色彩信息。

9.1.1.3　三维激光扫描技术的特点优势

三维激光扫描测绘技术的测量内容是高精度测量目标的整体三维结构及空间三维特性,并为所有基于三维模型的技术应用而服务。可以重建目标模型及分析结构特性,并且进行全面的后处理测绘及测绘目标结构的复杂几何内容,如几何尺寸、长度、距离、体积、面积、重心、结构形变,结构位移及变化关系、复制、分析各种结构特性等;而传统三维测量技术的测量内容是高精度测量目标的某一个或多个离散定位点的三坐标数据及该点三维特性,仅能测量定位点的数据并且测绘不同定位点间的简单几何尺寸,如长度、距离、点位形变、点位移等。

三维激光扫描技术,具有非接触式、数字化程度高、采样率高、分辨率高、精高度、受外界影响、受约束少等特点优势。

(1)非接触式。三维激光扫描技术采用的测量方式为非接触式高速激光测量方式;它不需要反射棱镜;直接对目标体进行扫描;采集的是目标体表面云点的三维坐标信息。这种测量方式在环境恶劣、目标危险、工作人员无法到达、传统测量技术无法完成的情况下,优势就更加明显。

(2)扩展性强、数字化程度高。三维激光扫描系统是把采集的数字信号作为数据,数据具有全数字的特征,易于分析、处理、输出和显示。而且三维激光扫描技术的后处理软件用户界面友好,可以与其他常用软件进行数据共享与交换,也可与外接数码相机、CPS 一起配合使用,利用这些方式可以拓宽其应用范围,更好地展现了它的强拓展性。

(3)数据采样率高。采用脉冲激光或时间激光的三维激光扫描仪采样点速率可达到每秒数千点,而采用相位激光方法测量的三维激光扫描仪甚至可以达到每秒数十万点。可见,采样速率是传统测量方式难以比拟的。

(4)分辨率高。三维激光扫描技术可以进行快捷、高质量、高密度的三维数据采集,从而达到高分辨率的目的。其应用广泛、适应性强。

(5)精确度高。传统的摄影测量是根据像控点的坐标来建立模型上各个点的坐标,因此点位测量精度和像控点的精度与位置密切相关。激光扫描测量获得的测点精度不但高于摄影测量中解析点,而且精度分布均匀。

（6）受外界影响小。传统摄影测量在夜晚无法进行，因此只可在白天进行作业操作，三维激光测量法通过自身发射的激光回波信号获取所测目标物的数据信息，因此不受空间和时间的约束，延长了测量时间和测量领域。

（7）受约束少。传统摄影测量要在适宜的角度和位置进行测量，并且需要对影响照片的数据进行处理后再生成立体模型，采用三维激光扫描则移动比较方便，相对灵活，完成对点云数据的拼接处理后，建立三维模型。

9.1.1.4 三维激光扫描技术国内外应用现状

1. 国外应用现状

目前，欧洲、美国、加拿大、澳大利亚、日本等国家的几十家高技术公司开展了对三维扫描技术的研究开发，已经形成了较大规模的产业。国外三维扫描技术已经广泛应用于机械加工、数字城市建模等领域，根据扫描仪使用方式和应用领域又分为手持式、台式、地面以及机载扫描仪等。

欧美精度最高的台式扫描仪扫描精度可以达到十几个微米，得到的点云密度甚至超过人眼的分辨率，工作时同时使用三色激光扫描得到真实彩色点云数据。

瑞士的 Leica 公司、美国的 3DDIGITAL 公司和 Polhemus 公司、加拿大的 OPtech 公司、奥地利的 RJGEL 公司、法国的 MENSI 公司、瑞典的 TopEye 公司、日本的 Minolta 公司等都生产三维激光扫描仪。

日本东京大学 1998 年进行了地面固定激光扫描系统的集成与实验，取得了良好效果，该大学正在开展较大规模的研究工作。1999 年来自华盛顿大学和斯坦福大学的合作小组利用三维激光扫描系统对一座具有历史意义的雕像—米开朗琪罗的大卫雕像进行了测量，标点的距离测量精度达到 0.25 mm，大卫像高 517 cm，表面积为 19 m²，重 5.8 t。拍摄了 7 000 幅彩色数码照片，用于渲染模型。扫描工作花费超过 100 个工时，处理扫描数据的工作则超过了 1.5 倍的扫描工时，最终的模型包含了 20 亿个多边形和 7 000 幅彩色数码照片。2000 年，美国宇航局将三维激光测量技术成功应用于太空计划。2001 年，Y. YU 等人在对室内场景建模的同时，提取场景中的一些实物用于物体的三维模型的编辑和移动功能。2002 年，美国拍德尤大学（Purdue university）扫描了印第安纳州的两座大桥，建立了这两座大桥的复杂三维模型。其中一座桥梁的点云数量约为 5 400 000 个，进行 12 次不同位置扫描。2003 年 9 月，美国华盛顿 Caseade 山区发生大规模的泥石流，加拿大 Technical University of British Columbia 大学使用三维激光扫描测量仪对发生坍塌的地区进行扫描测量，对此次坍塌的土方量体积和地形变化情况进行分析。2006 年，Tahi. R. s 通过三维激光扫描测量仪所获得的工厂内大型仪器设备的点云数据的处理方法进行了研究，对于点云的分割和点云中各种几何体的算法进行了阐述和分析。

2. 国内应用现状

国家"863"计划先后支持了激光扫描技术的研究，"308"主题项目研究内容主要集中在机载激光影像制图系统的设计、制造和数据处理。

近些年，关于三维激光扫技术的研究成果和产品也相继问世。例如，武汉测绘科技大学针对传统测绘方法不能解决的堆体变化监测的问题，研制了激光扫描测量系统。武汉大学自主研制的多传感器集成的自动化测量系统——LD 激光自动扫描测量系统，通过回转传感器实时获取激光扫描器的旋转角度，通过对多传感器将激光扫描器获取目标二维断面数据进行匹配处理来获取被测目标的表面形态。另外,还有在市场中颇受青睐的北京天远三维科技有限公司的天远三维扫描仪。

我国也充分利用地面三维激光扫描系统的作用开展了一些实践尝试,例如,针对北京故宫太和殿的大木结构模型三维重建项目,北京建筑工程学院利用 Leica 系列的地面三维激光扫描仪进行了完整的再现和重建;广西桂能信息工程有限公司利用地面三维激光扫描仪进行山海关长城的修复工程;针对黄河小浪底枢纽工程出水大坝三维可视化模型重建与黄河小浪底枢纽工程二号滑坡体的变形监测,长安大学地测学院利用 Leicascan-station2 地面三维激光扫描仪进行了成功再现。2006 年 4 月,西安四维航测遥感中心与秦兵马俑博物馆合作建立了 2 号坑的三维数字模型。北京大学的"三维视觉与机器人试验室"使用不同性能的三维激光扫描设备,全方位摄像系统和高分辨率相机采集了建模对象的三维数据与纹理信息。最终通过这些数据的配准和拼接完成了物体和场景三维模型的建立。

9.1.2　BIM 与三维扫描模型的整合

三维扫描模型通常是由点云组成的 Stl 格式文件,将 Revit 的 Rvt 格式与 Stl 格式整合在一起,通常有以下几种方法:

(1) 利用三维扫描自身软件进行整合,通常 BIM 软件建立的模型均可导成三维的.dwg 文件,在三维扫描自带软件中将其导入即可实现 BIM 模型以及三维扫描模型的整合。

(2) 利用第三方整合平台,目前市面上同时支持 Stl 以及 BIM 软件格式的整合平台有 Navisworks 等系列软件。利用这些软件可以将现实与虚拟结合起来。

三维点云数据与真实的 Revit 模型相结合,能够真实地反映出未建建筑在现实场地中的位置及其他各方面内容。

9.1.3　三维激光扫描技术工程应用案例

9.1.3.1　三维激光扫描技术在既有建筑功能提升中的应用

在既有建筑节能改造中,三维激光扫描仪可用于机房设备、房屋布局的三维扫描,建立三维信息数据库,用于能效平台的在线监控和展示。对建筑屋面坡度、屋面结构(如水箱等)尺寸进行精确测量,为雨水资源收集改造等项目提供精确的实用数据。

在既有建筑外部立面改善与室内环境改造中,用于历史建筑外立面的三维扫描与存档,供立面修复还原使用,进行建筑室内空间尺寸的扫描,供建筑新功能的方案设计与规划。还可用于既有建筑的无障碍设计、消防与安全更新设计、垂直交通设施设计等领域。例如用于对需加装电梯、消防改造的建筑室内外尺寸、房屋间距等数据进行测量,从而降低外业工作强度和周期。

9.1.3.2　三维激光扫描技术在石化企业管线三维建模中的应用

石化企业是由厂房、管线、仪器和设备构成的一个庞大而复杂的系统。为了满足不断增长的产品需求和技术改造,石化企业需要进行更新和改扩建。但是,由于工厂、设备和管道经过多年的使用都会有一定程度的变形,这样就给改扩建的设计带来了一定困难。如果设计与现实的情况出现碰撞就会带来很大的经济损失。为了满足改扩建设计的需求,对现有大型设施进行三维建模就成了改扩建设计的重要内容。

通过对石化企业的管线进行扫描、拼接,生成完整的三维点云模型,再重建其三维模型。在改扩建设计中,把改扩建三维设计与重建的三维模型相结合起来,进行碰撞检测,可准确无误地完成三维设计任务。应用步骤如下。

（1）获取管线的三维数据。为了满足三维重建的精度，确保管线数据完整，所以要在地面和高处同时设置扫描站点，对于复杂的多层管网，还要在多层管线架间设站扫描，在扫描站间要设置标靶作为控制点。

（2）进行数据去噪。石化企业的管线在复杂的地方成网状，管网扫描数据的噪音相对比较大，所以还要对扫描得到的单站数据进行去噪。对于一些明显的噪音点用相应的点云处理软件进行处理，对于不能手动删除的噪音点要通过其他的逆向工程软件进行去噪。去除噪音点后，再根据数据进行拼接，以提高整体的拼接精度。

（3）进行管线数据分割。去噪后的点云基本上只剩下管线数据，对于复杂管网，还要对数据按单一管线进行分割。应用点云处理软件 Cyclone 分割出每根管线，完成对单根管线进行分离建模。对多次弯曲的复杂管线，要进行多次提取才能得到完整的模型。

（4）管线建模。在去噪和管线分割后，应用三维数据处理和建模的软件对管网进行建模。管线的建模主要包括直管和弯管两种。当点云模型比较全的时候可以对一个完整的管线直接建模，不论是直管还是弯管可以一次性建模，这是一种比较理想的状态。对于点云不够完整的管线，要进行分步建模。一般方法是先对直管进行建模，然后在建立两个直管间的弯管连接。如果直管的数据不足以建立模型，还可以把相邻同管径的直管模型进行拷贝，通过平移和旋转变化加载到相应的位置，然后在进行弯管连接。若缺少数据点导致不能确定待建模管线的基本参数，可根据现有点云确定管线的方向，再应用软件的管线建模模具准确地生成管线模型。

9.1.3.3 三维激光扫描技术在地道工程项目中的应用

某地道工程横穿轨道 11 号线、沪嘉高速，扫描范围较广，在采集外业数据时，共设立 14 个站点，站点分布图如图 9-2 所示。首先放置 9 个标准靶标球用于点云配准，其目的是为了保证相邻两站有 3 个共同的靶标球。另外，在放置靶标球时还需要注意放置的位置要有高低起伏。

图 9-2　三维扫描站点布置图

其次对每个测站都分别进行高分辨率区域扫描，选定此次测量范围，并在此范围内进行扫描。

最后数据后处理及成果输出，数据后处理主要采用三维扫描自带软件处理，处理流程分为八步：

第一步：分别对 14 站数据进行处理。获取球体靶标，并建立新球体。

第二步：对球体进行编号，并匹配球体半径。

第三步：在 14 站中，第一站靶标球有较好的可见度，将此站点云数据作为参考，建立参考系。

第四步：完成所有数据的布置扫描，得到相应的三维点云影像。

第五步：对配准后的点云进行初步整理，进行去噪处理（去除离群、异常等噪音点）。

第六步：对处理后的点云进行修复，将有孔的地方进行点云填补，使得目标轮廓更加清晰。

第七步：如需得到满意的点云密度，可进行统一采样。

第八步：对三维扫描点云数据进行贴图处理。

将处理好的点云模型导出。在 Navisworks 中，导入三维扫描点云数据以及工程中地道主体结构模型数据，并将两者拼接。如图 9-3 所示图中能够真实地反映出未建地道在现实场地中的位置及其他各方面内容。

图 9-3　BIM 模型与三维扫描数据整合

9.2　全站仪机器人应用

全站仪机器人是安装了轴系步进电机，带有自动目标识别与照准功能，可在无人干预的条件下自动完成多个目标的识别、照准与测量的智能型全站仪。

9.2.1　天宝 LM80 全站仪概述

天宝全站仪机器人（Trimble RTS 系列）是由美国 Trimble 公司研究开发的一款高端自动化放样的设备。它结合了最先进的全站仪技术和手簿系统将 BIM 和最先进的测量工具有效结合起来，产生了特有的 BIM To Field 解决方案。该设备由 Trimble 机器人全站仪以及 Trimble LM80 手持式控制器组成。

9.2.1.1　全站仪机器人技术参数

1. 角度测量

角度测量的精度（基于 DIN 18723 的标准偏差）为 $1''$。

自动水平补偿器：类型为中心双轴；精度为 $0.5''$；范围为 $\pm 6'$。

2. 距离测量

棱镜模式：标准 $\pm(1\ mm+1\ ppm)$、跟踪 $\pm(5\ mm+2\ ppm)$。

DR 模式（5—300m）：标准测量 $\pm(3\ mm+2\ ppm)$、跟踪测量 $\pm(10\ mm+2\ ppm)$。

3. EDM 规格

光源：脉冲激光二极管 660 nm，一级激光（棱镜模式）、二级激光（DR 模式）。

同轴激光指向器（标准）：二级激光。

光束发散度：水平方向为 4 cm/100 m；垂直方向为 4cm/100 m。

光束发散度-DR 模式：水平方向为 2 cm/50 m；垂直方向为 2 cm/50 m。

大气改正：$-130\ ppm \sim 160\ ppm$ 连续。

9.2.1.2　便携式放样管理器

Trimble LM80 便携式放样管理器，可以实现将施工图带入现场完成放样作业，详细功能如下：

（1）可在输入设计图尺寸后创建平面示意图电子版本，或者导入 LM80 桌面及 CAD 数据并自动创建平面示意图。

（2）设计放样、现场创建放样点、计算角度和尺寸以及收集竣工数据。

（3）无须等候第三方专家，即可通过发送和接受更新设计及施工进程数据，高效掌控作业现场。

9.2.2 BIM 模型与仪器的交互

BIM 模型与全站仪机器人交互的流程包括全站仪机器人 BIM 应用流程以及现场测量数据反馈 BIM 模型流程。这两个流程是可逆的，如图 9-4 及图 9-5 所示。

图 9-4　机器人全站仪 BIM 应用流程　　　图 9-5　现场测量数据反馈 BIM 模型

9.2.2.1 Trimble TPC PRO 和手簿控制系统

BIM 与机器人全站仪交互软件 TPC 实现了 BIM 模型与仪器的交互，首先通过 TPC 软件获取 BIM 模型中的点位（图 9-6）；然后点击输出，即得到选取的区域放线点的列表和坐标；最后将取到的坐标和 BIM 原始数据或者是背景 CAD 图纸传输到手簿系统（图 9-7）；或者是与测量完的数据生成测绘报告（图 9-8）。

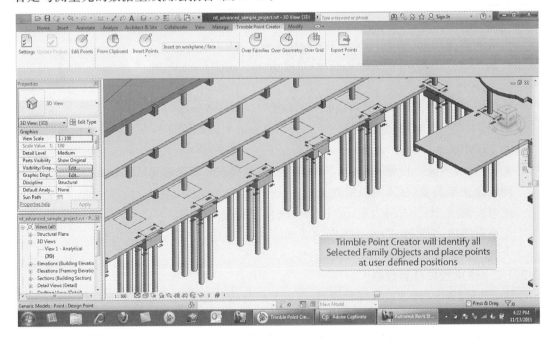

图 9-6　通过 TPC 软件拾取 BIM 模型中的点位

图 9-7 拾取点位完毕后可导出".DXF"
文件传输到手簿系统

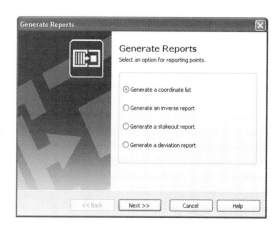

图 9-8 与测量完的数据生成测绘报告
（误差报告）

9.2.2.2 Tekla 与模型交互

1. 建立 3D 模型

要将 BIM 带入现场开展施工测量,应建立 BIM 模型,这里的 BIM 模型有两个作用:一是将模型导出 IFC 或.dwg、DXF 等格式文件,作为工程现场作业时背景文件使用,其目的是摆脱以往的施工蓝图;二是通过模型与仪器交互,可以快速读取出需要放样或测量的点。天宝全站仪机器人所用的 BIM 模型应采用 Tekla 软件建立,如遇 Revit 等系列 BIM 软件建立的模型,需要将 Rvt 等格式的文件转化成 IFC,再导入至 Tekla 软件中。

如图 9-9 所示,IFC 文件主要满足现场放样时 BIM 模型在手簿中的显示。

图 9-9 Tekla 软件可以输出".ifc"文件导入到全站仪手部

2. 模型与硬件通信

在 Tekla 软件中，运用 LayoutPoint 以及 LayoutLine 插件将需要放样的点添加至后台数据库中。

首先运用快捷键 Ctrl＋F 打开 Tekla 软件中的组件目录并查找 Layout 插件，将会出现 LayoutLine 以及 LayoutPoint 两个插件，如图 9-10 所示。

运用 LayoutPoint 插件，点击模型中需要放样的点，如图 9-11 所示。

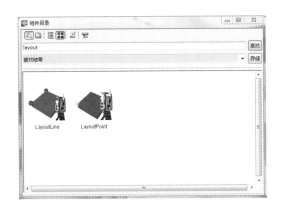

图 9-10　Tekla 软件中的 Layout 插件

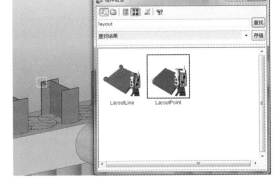

图 9-11　Tekla 软件中的 LayoutPoint 插件

双击添加后的点，对该点的组名称、点标签、点的形状等属性进行修改。组名称目的是将一类点进行归类，方便后期的操作；点标签即指点名；点的形状有多种选择，点击下拉框即可实现，如图 9-12 所示。

将所有点添加完毕后，即可对所有点进行分组管理，打开 Tekla 中的布置管理器，点击工具——布置管理器，如图 9-13 所示。

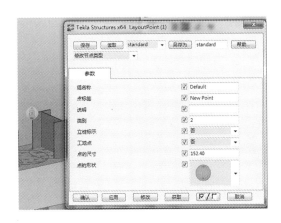

图 9-12　对"拾取点"进行属性定义

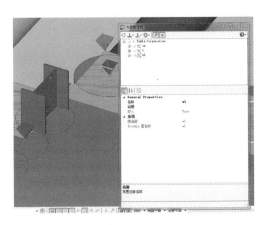

图 9-13　对所有"拾取点"进行分组管理

点击设置，改变长度单位为"公制(m)"，如图 9-14 所示。

选择布置管理器中所有点，点击 Trimble 输出中的"同步"或者"输出工作文件"按钮即可实现全站仪机器人与 BIM 模型的通讯。在输出工作文件的同时，利用"可选图纸文件"按钮作为现场背景模型，如图 9-15 所示。

图 9-14　对所有"拾取点"进行分组管理　　　图 9-15　布置管理器界面中输出工作文件

至此,BIM 模型与全站仪机器人的通讯过程完成。

9.2.3　BIM 施工现场应用

1. 建立新工作

在手簿中点击主选单创建/打开任务;选择建立新工作;依需求输入需要档名;按下 OK,确定后即完成新建任务,如图 9-16 所示。

2. 加载 DXF

点选加载 DXF,选择需要的 DXF 图档;按下 OK,成功载入,如图 9-17 所示。

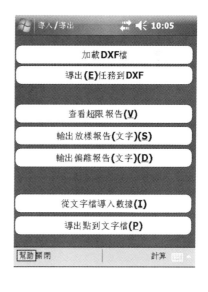

图 9-16　新建任务　　　　　　　　　　　图 9-17　加载 DXF

3. 设立仪器点

采用在已知点设站或在任意位置设站,如图 9-18 所示。

4. 放样

可从图面上选点或是从清单中选择,依据 LM80 的显示 HA,旋转仪器到该角度,按下一步,棱镜定位,按下照准,LM80 界面上会显示棱镜还需移动多少,当界面上达到误差限值内,重复该步骤,直到无误差而后按下放样作出已放样记号,现场放样如图 9-19 所示。

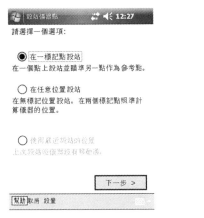 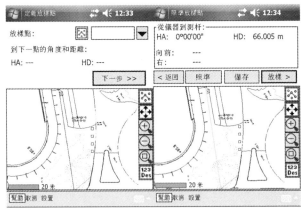

图 9-18　设站准备　　　　　　　　图 9-19　现场放样

5. 放样报告

当 BIM 模型与全站仪机器人交互完成后,模型即电子蓝图已经被直接带入现场。现场放样采用机器人全站仪进行放样,放样完成后,机器人全站仪会自动生成放样报告,如图 9-20 所示。放样完成后,分别用机器人以及传统全站仪对放样结果进行检核。在原始设计坐标基础上,共生成了 3 组新的坐标。

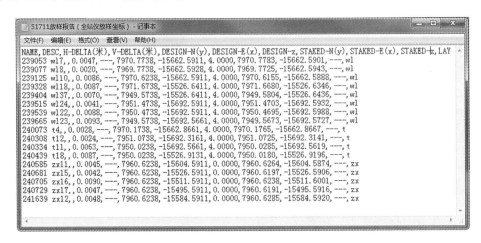

图 9-20　放样报告

6. 后处理及成果

首先进行坐标转换,BIM 模型采用的是模型坐标系,导出的数据属于模型坐标系,而传统全站仪在放样检核时采用现场工程坐标系,所以在对机器人以及传统全站仪对比时,需要先将模型坐标转化为工程坐标。转换后的坐标如表 9-1 所示。

表 9-1　　　　　　　　　　　　　　　　放样坐标、机器人及普通全站仪与设计坐标对比

点号	设计坐标		机器人全站仪放样坐标		机器人全站仪检核坐标		传统全站仪检核坐标	
	X	Y	X	Y	X	Y	X	X
T4	8115.0371	−15682.794	8115.0393	−15682.7957	8115.0379	−15682.7985	8115.041	−15682.803
T11	8084.2468	−15701.2351	8084.2529	−15701.2333	8084.2524	−15701.2335	8084.253	−15701.237
T12	8085.3043	−15701.4509	8085.3041	−15701.4485	8085.3021	−15701.4519	8085.308	−15701.459
T18	8154.0623	−15551.013	8154.0543	−15551.0165	8154.0536	−15551.0098	8154.043	−15551.015
Wl7	8115.6971	−15682.7975	8115.7016	−15682.7985	8115.7031	−15682.7956	8115.702	−15682.799
Wl8	8114.7895	−15682.3776	8114.7877	−15682.3784	8114.7870	−15682.3817	8114.786	−15682.381
Wl10	8115.5611	−15682.7343	8115.5545	−15682.7287	8115.5545	−15682.7275	8115.558	−15682.727
Wl18	8173.8102	−15559.8909	8173.8077	−15559.8825	8173.8062	−15559.8964	8173.786	−15559.885
Wl22	8084.6444	−15701.4474	8084.6373	−15701.4526	8084.6384	−15701.4463	8084.641	−15701.453
Wl23	8083.8388	−15701.0454	8083.8301	−15701.0487	8083.8293	−15701.0513	8083.831	−15701.052
Wl24	8085.5512	−15701.8689	8085.5472	−15701.8693	8085.5475	−15701.8694	8085.554	−15701.87
Wl37	8153.7689	−15550.5767	8153.7738	−15550.5817	8153.7761	−15550.5837	8153.759	−15550.586
Zx11	8130.9370	−15625.9226	8130.9410	−15625.9203	8130.9393	−15625.9109	8130.968	−15625.921
Zx12	8139.3662	−15607.7856	8139.3700	−15607.7884	8139.3730	−15607.7917	8139.378	−15607.795
Zx15	8163.8106	−15555.1884	8163.8071	−15555.1863	8163.8004	−15555.1848	8163.79	−15555.186
Zx16	8170.1324	−15541.5857	8170.1287	−15541.5939	8170.1250	−15541.5937	8170.106	−15541.594
Zx17	8176.8757	−15527.0761	8176.8713	−15527.0746	8176.8853	−15527.0752	8176.851	−15527.069

分别用放样坐标、机器人以及传统全站仪检核坐标,求出每组坐标的点位误差,其点位误差的曲线图如图 9-21 所示。

可以看出,利用机器人全站仪放样和检核精度较传统全站仪精度有 2~3 倍提高。机器人全站仪将 BIM 实时带入到现场,现场测量人员可以使用电子蓝图作业,实现了无纸质化作业,从效率上看,机器人全站仪

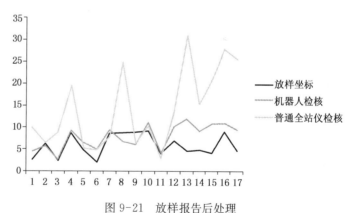

图 9-21　放样报告后处理

可以消除因错误产生的重复工作。在施工放样外业工作中,能大大提高现场人员工作的效率,另外,由于机器人全站仪定位较高,且自身带有补偿装置,在精度上同传统全站仪相比有较大改善。

9.3　三维打印仪应用

3D 打印机英文"3D Printers",3D 打印机名称是近年来针对民用低端市场而出现的一个新词。在专业领域甚至更为高端的领域,通常称为"快速成型技术"。

9.3.1 快速成型概述

9.3.1.1 3D 打印机工作原理

3D 打印机可以根据零件的形状,每次制做一个具有一定微小厚度和特定形状的截面,然后再把它们逐层粘结起来,就得到了所需制造的立体的零件。整个过程是在电脑的控制下,由 3D 打印机系统自动完成的。不同公司制造的 3D 打印机所用的成形材料不同,系统的工作原理也有所区别,但其基本原理都是一样的,那就是"分层制造、逐层叠加"。这种工艺可以形象地叫做"增长法"或"加法"。

9.3.1.2 3D 打印机技术分类

目前,市面上已经有许多种不同的 3D 打印机的技术,在不断发展过程中,越来越多的成熟技术被广泛运用,其中比较成熟的有 SLA、SLS、LOM 和 FDM 等技术。我们将在下面介绍四种目前使用比较广泛的技术。

(1) SLA(Stereo lithography Appearance),即立体光固化成型法。用特定波长与强度的激光聚焦到光固化材料表面,使之由点到线由线到面顺序凝固,完成一个层面的绘图作业,然后升降台在垂直方向移动一个层片的高度,再固化另一个层面。这样层层叠加构成一个三维实体。SLA 是最早实用化的快速成形技术,采用液态光敏树脂原料。

(2) SLS(Selective Laser Sintering)选择性激光烧结(以下简称 SLS)技术。是采用激光有选择地分层烧结固体粉末,并使烧结成型的固化层层层叠加生成所需形状的零件。其整个工艺过程包括 CAD 模型的建立及数据处理、铺粉、烧结以及后处理等。

(3) 分层实体制造法(Laminated Object Manufacturing,简称 LOM)又称层叠法成形,它以片材(如纸片、塑料薄膜或复合材料)为原材料,激光切割系统按照计算机提取的横截面轮廓线数据,将背面涂有热熔胶的纸用激光切割出工件的内外轮廓。切割完一层后,送料机构将新的一层纸叠加上去,利用热粘压装置将已切割层黏合在一起,然后再进行切割,这样一层层地切割、黏合,最终成为三维工件。LOM 常用材料是纸、金属箔、塑料膜、陶瓷膜等,此方法除了可以制造模具、模型外,还可以直接制造结构件或功能件。

(4) 熔积成型(Fused Deposition Modeling,简称 FDM)法,该方法使用丝状材料(石蜡、金属、塑料、低熔点合金丝)为原料,利用电加热方式将丝材加热至略高于熔化温度(约比熔点高 $1℃$),在计算机的控制下,喷头作 $x—y$ 平面运动,将熔融的材料涂覆在工作台上,冷却后形成工件的一层截面,一层成形后,喷头上移一层高度,进行下一层涂覆,这样逐层堆积形成三维工件。

除了上述四种最为熟悉的技术外,还有许多技术也已经实用化,如光屏蔽工艺、直接壳法、直接烧结技术、全息干涉制造等这里就不做详细介绍。

9.3.1.3 3D 打印机应用

目前,3D 打印技术已广泛应用在工业造型、机械制造、航空航天、军事、建筑、影视、家电、轻工、医学、考古、文化艺术、雕刻、首饰等领域。

建筑模型的传统制作方式渐渐无法满足高端设计项目的要求。现如今众多设计机构的大型设施或场馆都利用 3D 打印技术先期构建精确建筑模型来进行效果展示与相关测试,3D 打印技术所发挥的优势和无可比拟的逼真效果为设计师所认同。

可以相信,随着 3D 打印技术的不断成熟和完善,它将会在越来越多的领域得到推广和应用。

9.3.1.4　基于 BIM 的三维打印特点

　　以某市政工程作为三维打印的案例,该样件是国内市政领域第一个基于 BIM 的快速成型样件。实体模型中包含了围护桩、主体底板、地基加固、人非地道(行人与非机动车地下通道)、排水管道、雨水管道、井等多专业模型,可以完整地表达工程项目的全部内容。其直接利用 BIM 模型的优点,减少了模型的二次建模及损失,可以将设计理念无缝传达。

　　1. 3D 打印机直接利用了 BIM 模型

　　3D 打印机在设计阶段的价值体现在可以直接利用 BIM 模型,在该项目中,3D 打印机直接利用了设计阶段的 3D 模型成型,减少了二次损失,将设计理念无缝传达。项目设计阶段,设计人员首先利用 Tekla 进行 3D 设计,然后通过 Tekla 导出 IFC,并将其导入 Revit 软件中,通过 Revit 导出三维打印机支持的格式,Magics RP 软件对模型进行打印前的预处理,可以快速直观地打印出实体模型。

　　2. 多方案的直观对比

　　3D 打印机打印出的模型可以进行多方案对比。设计人员用 BIM 软件进行设计,并对多种方案进行多次打印,对各种方案进行直观的对比,可以快速地查看出方案的优缺点,并快速优选出最佳方案。

　　3. 设计理念立体化

　　设计方案确定后,传统施工管理人员在施工前需要对设计的意图进行领会,在设计交底时设计人员需要对每一个细节进行详细交底说明。3D 打印机在细节体现、立体化效果上有较大优势,有助于施工人员对于复杂体型、环境以及工艺的理解。3D 模型的立体化展示,摆脱了蓝图,投影出了竣工后的实体模型。所以说,对于现场施工人员来说,可以较容易将设计的意图转化为现实,这曾经是一道难以越过的隐形障碍。

　　4. 成型速度快

　　成型速度快体现在设计人员的效率上,设计人员对较复杂的模型无法进行更深的理解,无法解决复杂模型在设计过程中遇到的问题,此时就需要快速成型仪的辅助。实践中,从 3D 模型导出到打印完成,一天时间就能完成整个流程。而传统的模型雕刻、建筑过程可能需要一两个月的时间,到那时设计思路已过期。因此,当设计人员有了思路,通过打印出模型,对模型进行直观的修改,从而实现对设计的完美修改。

　　5. 实现施工进度模拟

　　3D 打印机在施工进度模拟也具有一定优势,该工程在施工过程中,较难直观地表现施工流程。通过建立竣工后的模型以及施工过程中的模型,并将模型进行快速成型,可以直观模拟出施工的进度,较以往的二维平面图纸介绍,这种方式更直观,更有说服力。

　　6. 模型强度

　　3D 打印机在强度测试方面有一定理论依据支持,据有关文献,一般人工建成的强度只有 3000PSI(约合 20.7 MPa),而快速成型仪建造工艺中,其打印出来的最高强度能达到 10000PSI(约合 69.0 MPa)。其强度是设计强度的 3.3 倍,通过使用该数值可以完成一些强度测试。

　　除了以上的优点外,快速成型仪还具有节能环保等优点。

　　在模型的表现上,目前快速成型仪能达到的打印精度为 0.7～0.8 mm,过小的尺寸是无法模拟出实体模型的。在工程项目中,有些表面纹理由于设计尺寸较小,无法达到打印的效果,需要对其表面 BIM 模型做些处理,以满足三维打印的要求。

9.3.2　BIM 与 3D 打印机模型的对比

通过三维打印,打印出的模型可以直观地进行碰撞检查、模型分析。通过 BIM 模型与实体模型对比,打印出的模型与 BIM 模型在相对比例、模型细节的表现上均无差别,能满足工程项目上模型分析的精度要求。

本地道工程样件截取部分 BIM 模型,如图 9-22 所示,样件长×宽×高为 80 cm×40 cm ×15 cm。采用 ABS 材料,结合快速成型熔积法技术拼装完成。模型中包含了 SMW 工法桩、MJS 工法桩、钢支撑及格构柱、部分主体、地基加固、人非地道、雨污水系统等多专业模型,将项目中多专业结合在一起。其直接利用 BIM 模型的优点,减少了模型的二次建模及损失,可以将设计理念无缝的传达。图 9-24—图 9-27 分别从不同角度对模型进行了对比。可以看出,BIM 模型与打印出的实体模型相对比例、大小、细节均无差别,就连细节都表现很好,满足模型分析精度要求。

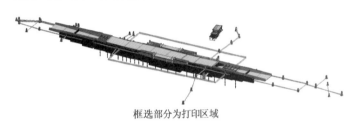

框选部分为打印区域

图 9-22　打印的 BIM 模型

图 9-23　BIM 模型与样件整体对比

图 9-24　钢支撑 BIM 模型与样件对比

图 9-25　雨污水系统 BIM 模型与样件对比

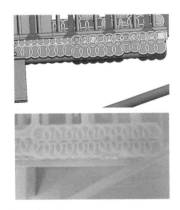

图 9-26　MJS 工法桩 BIM 模型与样件对比

图 9-27　SMW 工法桩 BIM 模型与样件对比

传统施工管理人员在施工前需对设计意图进行领会,在设计交底时设计人员需要对细节进行详细交底。快速成型样件在细节体现、立体化效果有较大优势,有助于将设计意图转化为现实,从而将设计理念立体化。另外,其设计意图的表现能力,可以更直接、直观地向业主进行汇报,摆脱传统的汇报方式,有助于更好地向业主传达设计理念。

基于 BIM 的三维打印还可进行沙盘模型结合生成项目总体展示,如图 9-28 所示。图中将设计意图完全

图 9-28　打印模型与沙盘结合

表达出来,可以直观反映设计与业主的意图,满足设计方案汇报的深度。

9.4　通讯设备的应用

9.4.1　手持式设备的应用

随着多核处理器、虚拟化、分布式存储、宽带互联网和自动化管理等技术的发展,产生了一种新型的计算模式——云计算,它能够按需部署计算资源,用户只需要为所使用的资源付费。从本质上来讲,云计算是指用户终端通过远程连接,获取存储、计算、数据库等计算资源。云计算在资源分布上包括“云”和“云终端”。“云”是互联网或大型服务器集群的一种比喻,由分布的互联网基础设施(网络设备、服务器、存储设备、安全设备等)构成,几乎所有的数据和应用软件,都可存储在“云”里,“云终端”,例如 PC、手机、车载电子设备、手持电子设备等,只需拥有一个功能完备的浏览器,并安装一个简单的操作系统,通过网络接入“云”,就可以轻松地使用云中的计算资源,原理如图 9-29 所示。

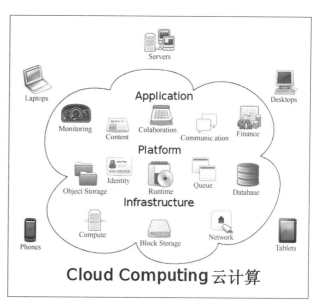

图 9-29　云终端与云计算

将云计算运用在 BIM 技术中,即体现出 PC、手机、平板等设备在 BIM 技术的应用。目前,Autodesk、Tekla、广联达公司都相继开发出 BIM 三维查看软件,如 Autodesk 公司的 BIM 360 Glue、Autodesk 360 field、AIM360 等软件以及 Tekla 公司的 BIMsight、BIMsight Note 以及广联达的模型浏览器 GMS2012 等。

BIM 360 Glue 使得用户可以随时随地更安全地访问 BIM 模型,同时,该软件支持在线式以及离线式两种方式供用户浏览。以某工程为例,iPad 同步后如图 9-30 所示。

BIM 360 Glue 还支持距离的测量,通过点击距离测量按钮,选择两个点,即可测量出两点之间的距离,如图 9-31 所示。

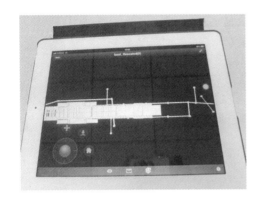

图 9-30　在平板电脑工程浏览

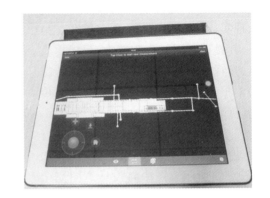

图 9-31　测距查询

Autodesk 360 软件包括 Web、Mobile、Reports 三款系列,即支持网页、移动设备(安卓手机、iphone、ipad 等)、报告三种形式的浏览,只需要登录软件,将三维模型信息上传至云端,即可使用网页或移动设备进行建筑信息建模以及产品生命周期管理。Autodesk BIM 360 的功能包括:冲突检测、协调和协作,概念设计和可行性评估,现场管理、调试和移交,能量分析,结构分析,可视化等功能。详细介绍参见网址"https://360. autodesk. com/"。通过登录该网址将 BIM 模型共享在云端,即可在手持式客户端利用 Autodesk 360 软件进行管理。目前可支持 dwg、RVT 等格式的模型格式。该软件仅支持在线式浏览,所有文档需共享至云服务器中。因此,在本地查看时,必须保证设备连接上网。

Tekla 的 BIMsight 是一款支持 Tekla 模型具有网页版浏览、分类查看、注释等功能的软件,在手持设备中,目前仅支持 BIMsight Note 软件的下载,该软件暂不支持模型的浏览等功能,仅支持注释功能。

如图 9-32 所示,GMS2012 是一款在 iPad 平板中查看、管理 BIM 模型及构件信息的软件,可以在施工现场、客户办公室随时随地浏览三维模型。iPad 版的 GMS2012 提供便捷的三维模型及信息浏览功能。

目前,GMS2012 支持的 BIM 模型格式包括广联达算量系列、Revit 模型以及国际标准 IFC 等格式。另外,广联达 BIM 浏览器还提供 Web 版,可以在 IE 中通过网络方便的管理、浏览模型,而不需要安装广联达算量、Revit、ArchiCAD 等产品。Web 浏览器还提供更多的构件信息,包括结构模型的钢筋明细、钢筋三维、广联达算量的工程量信息;提供更强的功能,包括构件与外部文档关联、构件属性通过 Excel 导出、导入等功能。

另外,Autodesk 公司开发的 AIM 360 是将 Revit 建立后的模型进行效果制作,从美学角度提升该模型的应用。

AIM 360 还提供了分类查看的功能,通过树目录选择需要查看的分项,即可快速获取用户所需的信息,如图 9-33 所示。

图 9-32　AIM360 浏览

图 9-33　AIM360 查询

手持式设备的应用是 BIM 应用的一个主要方向,它将更多的建设方联系在一起,同时将模型共享在云端,便于多方进行信息获取,实现了基于 BIM 的信息化。同时在现场管理过程中,无须将图纸带入现场,模型替代了传统的现场管理方式。通过模型,管理人员可以检查施工的进展情况、质量情况以及多方面的内容,真正体现了 BIM 的魅力所在。

9.4.2　网络管理平台

设计工程实践中,基于 BIM 的网络管理平台可以帮助所有工程参与者提高决策效率和正确性。通过网络环境的影响,保持信息及时刷新,并能够提供访问、增加、变更、删除等操作,使工程师、施工人员、业主、最终用户等所有项目系统相关用户可以清楚全面地了解项目此时的状态,以提高设计、施工、运营管理过程中的决策质量。

9.4.2.1　基于 BIM 网络管理平台的优势

基于 BIM 网站管理平台的优势在具备了传统信息化管理系统的优势外,还满足了集成管理、全寿命周期管理等多方面要求。

(1) 随着工程总承包模式不断推广和运用,人们越来越强调项目的集成化管理,这主要表现在两个方面:将项目的目标设计、可行性研究、决策、设计和计划、供应、实施控制、运行管理等综合起来,形成一体化的管理过程;将项目管理的各种职能,如成本管理、进度管理、质量管理、合同管理、信息管理等综合起来,形成一个有机的整体。

(2) 基于 BIM 网络管理平台的建设,不仅仅是为了工程项目实施过程中的管理要求,同时应考虑管理信息系统在工程竣工后纳入企业运行阶段的应用,这样不仅可以满足工程建设过程中参建各方的信息需求,也为后期运营管理提供宝贵数据。

9.4.2.2　网络系统构架

系统采用 B/S(Browser/Server)结构,用户通过 Web 浏览器,访问广域网即可实现信息的共享。大多数事务通过服务器端加以实现,终端和服务器以及终端之间通过网络的连接,数据可以得到即时的传输和集成加工。系统构架分为三层,即操作层、应用层和数据服务层,如图 9-34 所示。

第 1 层是数据服务层,通过中间件的连接,负责将涉及数据处理的指令进行翻译和处理,如读取、查询、删除、新增等操作。

第 2 层是应用层,将管理信息系统应用程序加载于应用服务器上,通过中间件接收用户访问指令,再将处理结果反馈给用户。

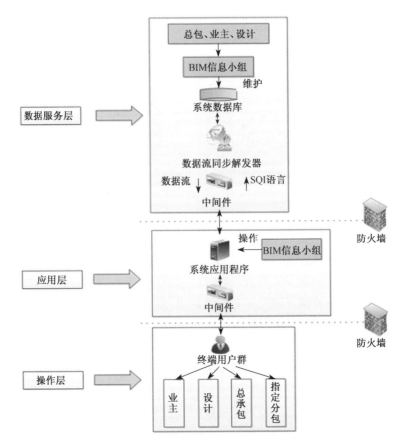

图 9-34　基于 BIM 的网络架构

第 3 层是操作层,供终端用户群(包括业主、设计单位、总承包方、分包方、施工方、最终用户等)通过网络提供的浏览器,用户群在网络许可范围内(专线、VPN、甚至整个广域网),通过 Http 网络协议,经过身份识别,相应操作权限赋权后进入系统进行相关操作。

9.4.2.3　基于 BIM 的工程项目管理信息系统的运行

基于 BIM 模型的工程项目管理信息系统的运作,就是用户通过局域网(乃至整个互联网范围内),向系统服务器发送查询、信息变更等操作请求,由系统根据该用户所有权限的定义,按操作方式、用户权限等差异,从系统数据库服务器中集成其所需,从项目前期至检索的时点的所有相关工程项目信息。以各种形式,通过系统应用服务器进行界面组织,集成后反馈至用户,供用户操作。基于 BIM 模型的信息管理系统在项目全寿命周期内,贯穿项目前期策划、招投标、施工运营等多个阶段。

网络信息管理平台的建设,更好地为实现 BIM 云服务提供了基础平台,以充分利用现有网络资源,实现 BIM 模型的云管理。

9.5　智能化工地 BIM 应用展望

随着信息技术的发展,一卡通系统,RFID(Radio Frequency Identification 无线射频识别)感应系统,视频监控系统已经逐步被施工企业所采用。

　　智能化工地,也常被称作为"智慧工地"。主要的体系结构是在工地分布大量数据采集设备,以自动的数据采集代替人工输入,然后通过智能核心进行数据挖掘,将结果显示到用户桌面上。智能化工地理念及管理结构如图 9-35 所示。

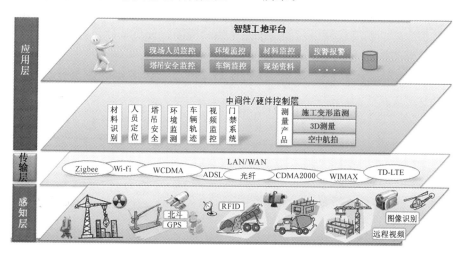

图 9-35　智能化工地理念及管理结构

　　从应用上来分类可以看到,智能化工地会将焦点落实到材料监控、人员监控、机械设备监控以及环境监控等方面,如图 9-36 所示。

　　从管理目的上来区分,智能化工地将主要应用在工地的质量管理和安全管理。比如质量的追溯,比如人员是否进入了危险区域。

　　BIM 技术已经能够为智能化工地提供一个一体化的三维平台,用以方便监视各项数据。将智能化工地的现状和趋势集中反馈到 BIM 模型中。RFID 技术的普及,使得电子标签的成本大大降低,也为智能化工地的数据采集提供了坚实的基础。

　　通过 BIM 模型,可以将海量的监测数据存储到模型关联的数据库中,便于在客户端决定显示哪些数据。

图 9-36　视频监控终端

如应用 BIM 模型可以通过门禁系统限制非相关人员的进入，通过安全帽上的 RFID/wifi 芯片等定位每个施工人员，从而观察到施工人员在工地的分布，计算出每个工人在各工地职能区域所呆的时间，实现人员的精细化管理。

在 BIM 模型上看到工地施工的进展。对已完工的部分，通过 RFID 芯片的植入，追溯每种材料从供应商到物流仓储以及施工的整个生命周期。分析统计出各供应商提供材料的合格率和寿命等参数。

对于 BIM 模型上我们需要详细观察的部分，可以直接链接到该区域摄像头进一步观察。

第10章　Revit 的参数化

本章以一个 30 m×20 m 的地面装饰方案为例，说明 BIM 在地面砖或者墙面砖的铺设中的应用。

10.1　新建自适应公制常规模型

在 Revit 启动界面下点击新建族，选择"自适应公制常规模型.rft"族样板文件（图 10-1），新建一个自适应公制常规模型（图 10-2）。

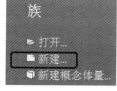

图 10-1　新建族

图 10-2　选择自适应公制常规模型样板文件

在"自适应公制常规模型"环境下，有样板文件预设的两个参照平面，选中后在"修改"选项卡中可以看到两个参照平面并未锁定，在此，如果不使用参照平面作为尺寸标注的参照面的话无须锁定。例如：如果需要将某一个形体添加尺寸并且 EQ 等分则务必锁定参照平面，否则将可能导致 EQ 命令失效（图 10-3、图10-4）。

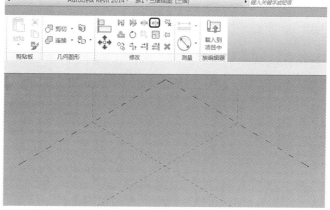

图 10-3　参照平面未锁定

10.2　设置工作平面

点击"修改"选项卡中"设置"命令，将鼠标指针移动到绘图区域指向"标高：参照平面"，待标高线变成深蓝色后单击，将工作平面设置为参照标高平面（图 10-5、图 10-6）。

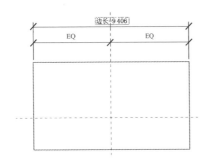

图 10-4 利用 EQ 命令等分形体

图 10-5 设置工作平面

图 10-6 将参照标高设置为工作平面

图 10-7 点图元命令

10.3 创建点图元

点击"创建"选项卡,点击"点图元"命令,在绘图区域顺序放置 5 个参照点,注意放置顺序将影响到"自适应公制常规模型"载入体量后的放置顺序。选中放置完成后的参照点,在弹出的"修改"选项卡中选择"使自适应"命令,将参照点转换为自适应点。由于是自适应构件,参照点不必精确放置,在大致位置点击即可(图 10-7、图 10-8、图 10-9)。

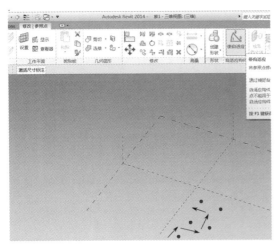

图 10-8 "使自适应"命令

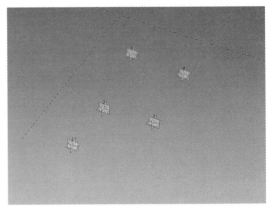

图 10-9 将参照点转换为自适应点

10.4 连线

单击"修改"选项卡中"参照"命令,并勾选"三维捕捉"、"链"命令选项,将 1 号点和 2 号点连线。在自适应点上绘制线段或者标注尺寸需要注意,如果有图元或者点与自适应点距离很近时不要错误标注。重复上述动作,在 2 点、3 点、4 点、5 点之间连线。在"自适应公制常规模型"环境中应注意,自适应点和参照线是主体图元,如果标注错误的话参数将不能使用。自适应点和参照点有 2 个工作平面,参照线有 4 个工作平面,在尺寸标注和线段绘制时根据需要选择相应的工作平面(图 10-10—图 10-13)。

图 10-10　绘制参照线

图 10-11　用参照线在 1 号和 2 号点之间连线

图 10-12　自适应点与参照线的工作平面

点击 2 点、3 点、4 点、5 点之间任意一条直线,会发现参照线连接完成后称为一个首尾相连的封闭图形,这时需要在封闭图形的中心部位加一个参照点。点击"绘制"选项卡中模型线命令,并勾选"三维捕捉"、"链"命令选项。将鼠标指针指向任意一段参照线,当出现中心标记时点击绘制。在此步骤不要使用参照线,否则参照点无法使用规格化曲线参数(图 10-14、图 10-15)。

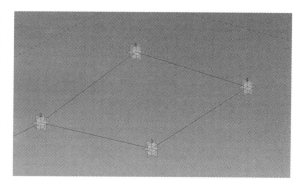

图 10-13　参照点之间连接参照线

图 10-14　绘制模型线

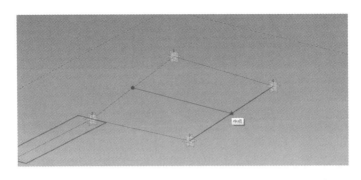

图 10-15　捕捉中点绘制模型线

选择"修改"选项卡,单击"点图元"命令,在刚刚绘制完成的模型线上任意位置添加一个参照点。选中参照点,在"实例属性"对话框内将测量类型选定为"规格化曲线参数",规格化曲线参数取值改为 0.5,此时参照点将居中(图 10-16)。

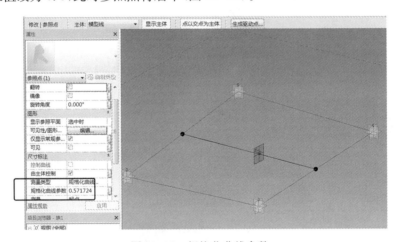

图 10-16　规格化曲线参数

10.5　添加参数

点击"修改"选项卡,点选参照线绘制圆命令,点击"修改"选项卡"设置"命令,将工作平面设置为参照点的水平工作面上。如果将鼠标指向参照点时不显示水平工作面可以按"Tab"键轮选,直到出现水平参照面并选中。设置好工作平面后将参照线绘制到圆点上,将圆心半径临时尺寸线转换为尺寸标注,并添加参数为实例参数(图 10-17—图 10-20)。

图 10-17　参照点上的水平工作面

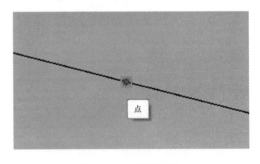

图 10-18　捕捉到点

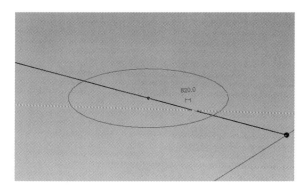

图 10-19　在点的水平工作面上绘制图形并标注　　　　图 10-20　添加实例参数

　　绘制完成参照线后选中,在"修改"选项卡下点击"创建形状"命令,选择生成圆柱体(图 10-21、图 10-22)。

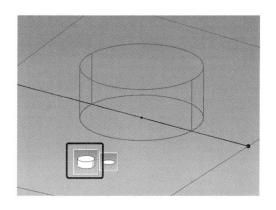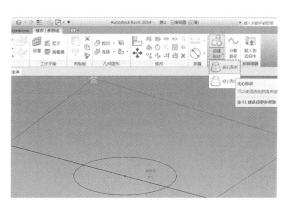

图 10-21　生成圆柱体　　　　　　　　　　　图 10-22　创建实心形状

　　生成实体后点击圆柱体一侧出现的临时尺寸标注,使之成为尺寸标注,选中尺寸标注线,添加实例参数(图 10-23、图 10-24)。

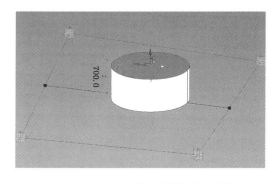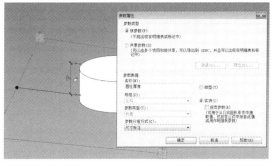

图 10-23　生成实体后的临时尺寸线　　　　　图 10-24　添加实例参数

　　选中形成封闭曲线的 4 根参照线,点击"修改"选项卡下"创建形状"命令,软件会在绘图区域下方显示形状生成选项,选择生成立方体(图 10-25、图 10-26)。

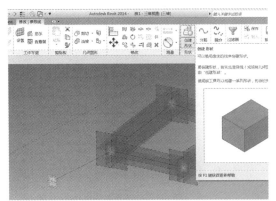

图 10-25　创建实心形状

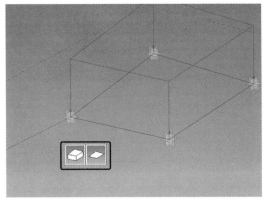

图 10-26　生成立方体

生成实体后点击立方体一侧出现的临时尺寸标注,使之成为尺寸标注。选中尺寸标注线,添加实例参数(图 10-27、图 10-28)。

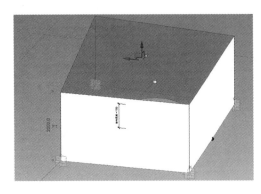

图 10-27　临时尺寸标注转为永久标注

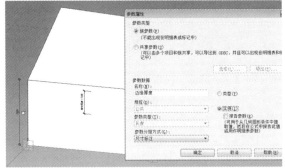

图 10-28　添加实例参数

参数添加完成后分别选中圆柱体和立方体,在实例属性对话框中将厚度设置为 50 mm 和 30 mm。添加材质参数可以先选择实体,在实例属性对话框中点击"关联"按钮。弹出 "关联参数"对话框,点击"添加"按钮,弹出"参数属性"对话框,根据自己的需要添加材质 的名称并选择为实例参数。自适应公制常规模型在体量文件重复后,各个构件都是关联 的,修改一个族的实例属性其他相同类型的族也会被修改,这是与项目环境不同的(图 10-29、图 10-30)。

需要注意在族的制作过程中要经常检查一下参数是否有效,如果某一个参数添加失败, 但是在过程中没有发现,族制作完成后再进行修改将比较繁琐。自适应族中的尺寸标注应 注意与工作平面的设置配合,参照线和自适应点都是主体图元,不要将尺寸标注标注在错误 的地方。比如:自适应点之间的标注很容易标注到实体或者线上。

在 1 号、2 号自适应点之间用参照线连线,并将参照线的水平工作面设置为工作平面, 将两个自适应点的水平距离标注在工作平面上(图 10-31)。

选中尺寸标注,添加参数为"实例参数"、"报告参数",1 号、2 号点之间的距离将可以报 告给其他参数使用,比如在公式中使用(图 10-32)。

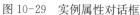

图 10-29　实例属性对话框

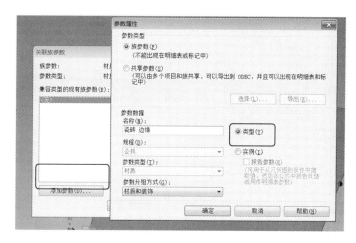

图 10-30　关联参数对话框

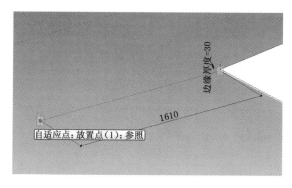

图 10-31　自适应点标注尺寸

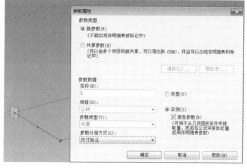

图 10-32　设置报告参数

参数设置完成后打开"族类型"对话框输入一个简单的公式测试报告参数是否有效,如果报错说明尺寸标注没有标注到自适应点上(图 10-33)。

因为生成的实体遮挡了 2 号自适应点,尺寸标注线首先捕捉到的是实体而非自适应点,所以报告参数无法使用(图 10-34)。

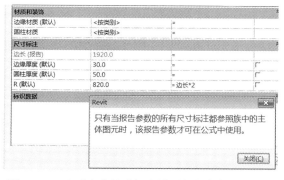

图 10-33　自适应点尺寸标注错误报告参数无法使用

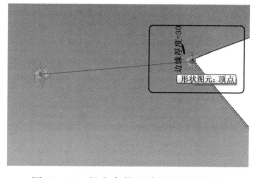

图 10-34　报告参数无效的原因是没有捕捉到自适应点

模型实体部分和基本参数添加完成后,利用公式将长度和半径关联起来,利用 1 号、2

号点之间的距离来控制圆的大小。

10.6 创建地面

创建一个概念体量,利用参照线生成一个面,长宽分别为 30 000 mm 和 20 000 mm。选中创建的面,工具栏将弹出"分割表面"命令,分割表面后打开网格节点(图 10-35、图 10-36)。

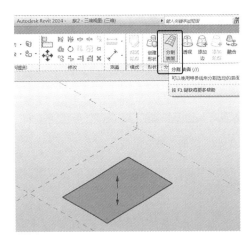

图 10-35 分割表面

图 10-36 打开 UV 节点

在新建的表面附近放置一个参照点,参照点将是第一个自适应点的放置位置,其位置可以随意点选。UV 网格上的每一格的 4 个角点是 2 号、3 号、4 号、5 号自适应点的放置位置。

按"Ctrl+Tab"组合键返回"自适应公制常规模型"界面,继续添加公式,公式如下:

if(边长<5000mm,100mm,if(边长>30000 mm,700 mm,(边长-5000 mm)/ 25000 ∗ 700 + 100 mm))

图 10-37 添加参照点

从左向右解读公式:

如果边长小于 5 000 mm,圆心半径将为 200 mm,如果边长大于 30 000 mm,圆心半径将为 700 mm,如果边长在 5 000~25 000 mm 之间圆心半径将在 200~700 mm 之间变化。

从右向左解读公式:

条件语句"(边长-5 000 mm)/ 25 000 ∗ 700 + 100 mm",设边长等于 15 000 mm,则圆心半径将为 380 mm,25 000 这个数值是 30 000-5 000 得出的。此时如果边长大于 30 000 mm 则圆心半径将由"if 边长> 30 000 mm,700 mm"条件语句控制,它的意思是:如果边长超过 30 000 mm,圆心半径=300 mm。

完整的公式较为复杂,可以用添加参数的方式简化公式,这个方法有利于参数的成功运行,如:将公式最右边的部分取出,新建一个 L1 实例参数,把"(边长 - 5 000 mm)/ 25 000 ∗ 700 + 100 mm"填写入 L1 参数的公式栏(图 10-38)。

　　编写参数是除输入中文名称外不要使用中文输入法,公式不支持全角符号。尽量在.txt 文本文件内编写公式,否则如果公式格式或者参数错误将导致重复输入。

　　公式编写完成后拖拽 1 号自适应点,检查圆形是否跟随长度发生变化。如果公式生效点击"修改"选项卡中"载入到项目中"命令,将族放置到体量中(图 10-39—图 10-41)。

　　在体量环境中依次点击参照点、UV 网格 4 个角点,将体量放置在曲面上(图 10-41)。

　　选中族,在"修改"选项卡中点击"重复"命令,软件将自动把自适应族排列到 UV 网格,此时根据"边长"参数的大小自动计算形状(图 10-42)。

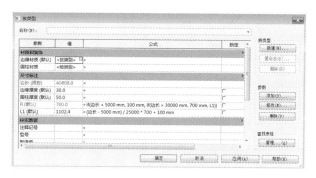

图 10-38　条件语句控制参数

图 10-39　测试公式是否生效

　　由于自适应公制常规模型中虽然创建了材质参数,但是并没有选择材质,所以看不到效果。返回"自适应公制常规模型"中,打开"族类型"对话框,选择需要的材质后重新载入体量。在体量中创建两个相同的材质参数,选中一个自适应族在"实例属性"对话框中点击"关联"按钮选择即可(图 10-43、图 10-44)。

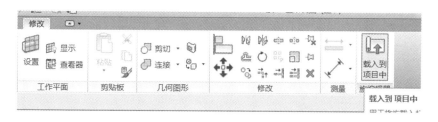

图 10-40　载入到项目中

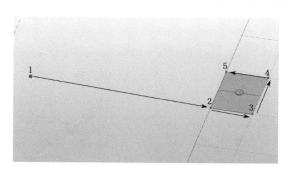

图 10-41　自适应族放置点顺序

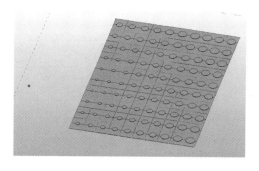

图 10-42　参数化控制的地面排砖

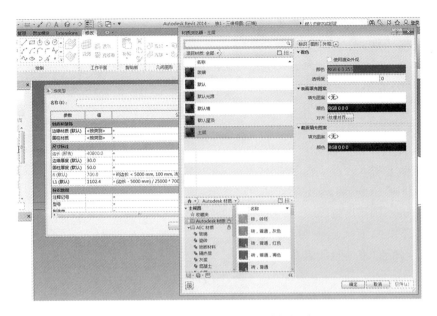

图 10-43　自适应族环境下编辑材质

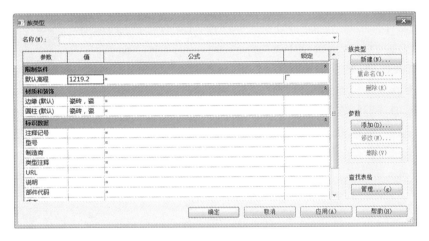

图 10-44　体量环境下创建同样的材质

　　载入项目后覆盖和替代原有的族,点击"视图选项卡",点击"三维视图"命令,调整好视角后点击"渲染"命令进行渲染。如果在体量环境下将参照点移动到地面中心位置,圆的排列形式将是从内到外、由小到大(图 10-45)。

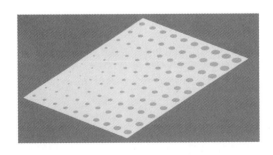

图 10-45　排列好的地砖